HME 해법수학 학력평가 안내

목적과 특징

1 수학 학력평가의 목적

하나

수학의 기초 체력을 점검하고, 개인 학력 수준을 파악하여 학습에 도움을 주고자 합니다.

둘

교과서 기본과 응용 수준의 문제를 주어 교육과정의 이해 척도를 알아보며 심화 수준의 문제를 주어 통합적 사고 능력을 측정하고자 합니다.

셋

평가를 통하여 수학 학습 방향을 제시하고 우수한 수학 영재를 조기에 발굴하고자 합니다.

넷

교육 현장의 선생님들에게 학생들의 수학적 사고와 방향을 제시하여 보다 향상된 수학 교육을 실현시키고자 합니다.

2 수학 학력평가의 특징

통합사고력 평가
사고력, 창의력, 문제해결력의 척도를 확인할 수 있도록 평가합니다.

교육과정 평가
교과서 기본과 응용 수준의 문제를 잘 해결해 나가는지 평가합니다.

분석표 제공
개인별 학력평가 분석표를 주어 수학 학습의 방향을 제시합니다.

기초 체력 평가
수학의 원리와 개념을 정확히 이해하고 있는지 평가합니다.

HME

학습 지도 자료 제공
평가를 치루고 난 후 HME 분석 자료집을 별도로 제공합니다.

● 성적에 따라 대상, 최우수상, 우수상, 장려상을 수여하고 상위 5%는 왕중왕을 가리는 [해법수학 경시대회]에 출전할 기회를 드립니다.

평가 요소

수준별 평가 체제를 바탕으로 기본·응용·심화 과정의 내용을 평가하고 분석표에는 인지적 행동 영역(계산력, 이해력, 추론력, 문제해결력)과 내용별 영역(수와 연산, 도형, 측정, 규칙성, 자료와 가능성)으로 구분하여 제공합니다.

1 평가 수준

배점	수준 구분	출제 수준
100점 만점	교과서 기본 과정	교과 과정에서 꼭 알고 있어야 하는 기본 개념과 원리에 관련된 기본 문제들로 구성
	교과서 응용 과정	기본적인 수학의 개념과 원리의 이해를 바탕으로 한 응용력 문제들로 교육과정의 응용 문제를 중심으로 구성
	심화 과정	수학적 내용을 풀어가는 과정에서 사고력, 창의력, 문제해결력을 기를 수 있는 문제들로 통합적 사고력을 요구하는 문제들로 구성

2 인지적 행동 영역

계산력
수학적 능력을 향상시키는데 가장 기본이 되는 것으로 반복적인 학습과 주의집중력을 통해 기를 수 있습니다.

이해력
문제해결의 필수적인 요소로 원리를 파악하고 문제에서 언급한 사실을 수학적으로 생각할 수 있는 능력입니다.

HME

추론력
개념과 원리의 상호 관련성 속에서 문제해결에 필요한 것을 찾아 문제를 해결하는 수학적 사고 능력입니다.

문제해결력
수학의 개념과 원리를 바탕으로 문제에 적합한 해결법을 찾아내는 능력입니다.

HME 교재 구성

(유형 학습) HME의 기본 + 응용 문제로 구성

●● 단원별 기출 유형

HME에 출제된 기출문제를 단원별로 유형을 분석하여 정답률과 함께 수록하였습니다. 유사문제를 통해 다시 한번 유형을 확인할 수 있습니다.

정답률 75% 이상 문제를 실수 없이 푼다면 장려상 이상, 정답률 55% 이상 문제를 실수 없이 푼다면 우수상 이상 받을 수 있는 실력입니다.

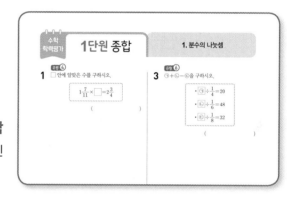

●● 단원별 종합

앞에서 배운 유형을 다시 한번 확인할 수 있습니다.

(실전 학습) HME와 같은 난이도로 구성

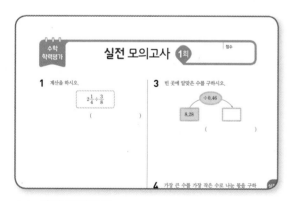

●● 실전 모의고사

출제율 높은 문제를 수록하여 HME 시험을 완벽하게 대비할 수 있습니다.

●● 최종 모의고사

책 뒤에 있는 OMR 카드와 함께 활용하고 OMR 카드 작성법을 익혀 실제 HME 시험에 대비할 수 있습니다.

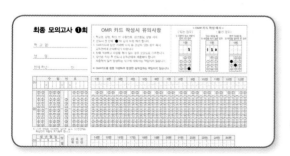

●● OMR 카드

HME 차례

1
단원

· 정답률 98.3%

유형 1 분수의 나눗셈을 곱셈으로 나타내어 계산하기

나눗셈식을 곱셈식으로 나타내어 계산하려고 합니다. ㉠~㉤에 알맞은 수를 <u>잘못</u> 구한 것은 어느 것입니까? ················· (   )

$$\frac{6}{7} \div \frac{3}{14} = \frac{㉠}{㉡} \times \frac{㉢}{㉣} = ㉤$$

① ㉠=6　　② ㉡=7　　③ ㉢=14

④ ㉣=3　　⑤ ㉤=6

핵심

나눗셈을 곱셈으로 나타내고 나누는 분수의 분모와 분자를 바꾸어 계산해야 합니다.

1 나눗셈식을 곱셈식으로 나타내어 계산하려고 합니다. ㉠+㉢을 구하시오.

$$\frac{5}{9} \div \frac{13}{20} = \frac{㉠}{㉡} \times \frac{㉢}{㉣} = ㉤$$

(   )

2 나눗셈식을 곱셈식으로 나타내어 계산하려고 합니다. ㉠+㉣을 구하시오.

$$\frac{7}{8} \div \frac{13}{15} = \frac{㉠}{㉡} \times \frac{㉢}{㉣} = ㉤$$

(   )

· 정답률 97.6%

유형 2 분모가 같은 분수의 나눗셈

다음 중 $\frac{14}{3} \div \frac{2}{3}$와 계산 결과가 같은 것은 어느 것입니까? ····························· (   )

① $\frac{14}{3} \times \frac{2}{3}$　　② $\frac{14}{3} \div \frac{3}{2}$　　③ $\frac{3}{14} \times \frac{3}{2}$

④ 14×2　　⑤ $14 \div 2$

핵심

분모가 같은 (분수)÷(분수)는 분자끼리 계산합니다.

3 $\frac{8}{9} \div \frac{2}{9}$와 계산 결과가 같은 것의 기호를 쓰시오.

> ㉠ $\frac{8}{9} \times \frac{2}{9}$　　㉡ $8 \div 2$　　㉢ $\frac{9}{8} \times \frac{9}{2}$

(   )

4 $\frac{14}{15} \div \frac{2}{15}$와 계산 결과가 <u>다른</u> 것의 기호를 쓰시오.

> ㉠ $\frac{21}{25} \div \frac{3}{25}$　㉡ $\frac{35}{39} \div \frac{5}{39}$　㉢ $\frac{28}{15} \div \frac{7}{15}$

(   )

• 정답률 96.5%

유형 ③ (대분수)÷(진분수)

다음을 계산한 결과는 $\frac{1}{12}$이 몇 개인 수입니까?

$$1\frac{1}{4} \div \frac{3}{5}$$

(   )개

핵심

대분수는 가분수로 바꾸어 계산합니다.

• 정답률 91.3%

유형 ④ 곱셈과 나눗셈의 관계

□ 안에 알맞은 수를 구하시오.

$$\square \times \frac{9}{16} = 7\frac{7}{8}$$

(   )

핵심

● × ★ = ◆ ⇨ ◆ ÷ ★ = ●

5 계산해 보시오.

$$2\frac{2}{5} \div \frac{5}{7}$$

(   )

7 □ 안에 알맞은 수를 구하시오.

$$\square \times \frac{5}{9} = 13\frac{1}{3}$$

(   )

6 계산해 보시오.

$$3\frac{1}{2} \div \frac{3}{5}$$

(   )

8 □ 안에 알맞은 수를 구하시오.

$$\frac{7}{8} \times \square = 8\frac{3}{4}$$

(   )

• 정답률 91.0%

유형 ⑤ 도형의 넓이를 이용한 분수의 나눗셈

마름모의 넓이는 $1\frac{4}{5}$ cm²입니다. 이 마름모의 한 대각선의 길이가 $1\frac{1}{5}$ cm일 때 다른 대각선의 길이는 몇 cm입니까?

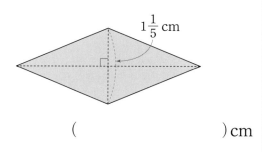

(   ) cm

핵심

(마름모의 넓이)
＝(한 대각선의 길이)×(다른 대각선의 길이)÷2

9 마름모의 넓이는 $8\frac{2}{7}$ cm²입니다. 이 마름모의 한 대각선의 길이가 $4\frac{1}{7}$ cm일 때 다른 대각선의 길이는 몇 cm입니까?

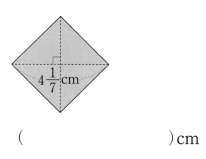

(   ) cm

10 마름모의 넓이는 $8\frac{1}{10}$ cm²입니다. 이 마름모의 한 대각선의 길이가 $5\frac{4}{5}$ cm일 때 다른 대각선의 길이는 몇 cm입니까?

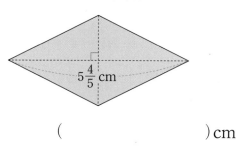

(   ) cm

11 윗변과 아랫변의 길이가 각각 $3\frac{3}{5}$ cm, $4\frac{1}{3}$ cm인 사다리꼴의 넓이는 $4\frac{23}{24}$ cm²입니다. 이 사다리꼴의 높이는 몇 cm입니까?

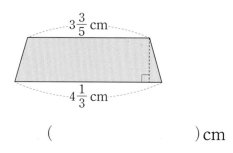

(   ) cm

유형 **6** □ 안에 알맞은 수 구하기

㉠과 ㉡에 알맞은 수의 합을 구하시오.

$$㉠ \div \frac{1}{5} = 25, \quad ㉡ \div \frac{1}{3} = 18$$

( )

핵심

$$■ \div \frac{1}{▲} = ■ \times ▲$$

유형 **7** 버림을 활용한 (분수)÷(분수)의 문장제

트로피 모양 1개를 만들려면 찰흙이 $\frac{5}{24}$ kg 필요합니다. 무게가 $\frac{15}{16}$ kg인 찰흙으로는 같은 트로피 모양을 몇 개까지 만들 수 있습니까?

( )개

핵심

(분수)÷(분수)를 계산한 후 몫의 분수 부분을 버림하여 답을 구합니다.

12 ㉠과 ㉡에 알맞은 수의 곱을 구하시오.

$$㉠ \div \frac{1}{4} = 36, \quad ㉡ \div \frac{1}{7} = 56$$

( )

14 빵 1개를 만드는 데 밀가루 $\frac{2}{9}$ kg이 필요합니다. 밀가루 $\frac{25}{27}$ kg으로 똑같은 빵을 몇 개까지 만들 수 있습니까?

( )개

13 ㉠과 ㉡에 알맞은 수의 차를 구하시오.

$$㉠ \div \frac{1}{9} = 63, \quad ㉡ \div \frac{1}{2} = 10$$

( )

15 케이크 1개를 만드는 데 밀가루 $\frac{3}{5}$ kg이 필요합니다. 밀가루 $3\frac{5}{6}$ kg으로 똑같은 케이크를 몇 개까지 만들 수 있습니까?

( )개

• 정답률 84.8%

유형 8 □ 안에 들어갈 수 있는 가장 작은(큰) 수 구하기

□ 안에 들어갈 수 있는 자연수 중에서 가장 작은 수를 구하시오.

$$32 \div \dfrac{8}{\square} > 25$$

(   )

핵심

(자연수)÷(분수)에서 $\div \dfrac{8}{\square}$을 $\times \dfrac{\square}{8}$로 바꾸어 먼저 계산합니다.

• 정답률 84.3%

유형 9 □ 안에 들어갈 수 있는 자연수의 개수 구하기

□ 안에 들어갈 수 있는 자연수는 모두 몇 개입니까?

$$29\dfrac{2}{5} \div 7 < \square < 10\dfrac{1}{2} \div 1\dfrac{1}{6}$$

(   )개

핵심

▲ < □ < ● 에서 □ 안에 들어갈 수 있는 수에 ▲ 와 ● 는 포함되지 않습니다.

---

16 □ 안에 들어갈 수 있는 자연수 중에서 가장 작은 수를 구하시오.

$$48 \div \dfrac{6}{\square} > 30$$

(   )

---

18 □ 안에 들어갈 수 있는 자연수는 모두 몇 개 입니까?

$$30\dfrac{3}{5} \div 4\dfrac{1}{2} < \square < 5\dfrac{1}{4} \div \dfrac{7}{20}$$

(   )개

---

17 □ 안에 들어갈 수 있는 자연수 중에서 가장 큰 수를 구하시오.

$$35 \div \dfrac{7}{\square} < 33$$

(   )

---

19 □ 안에 들어갈 수 있는 모든 자연수의 합을 구하시오.

$$14\dfrac{2}{5} \div 8 < \square < 9\dfrac{5}{7} \div 1\dfrac{3}{14}$$

(   )

• 정답률 81.4%

유형 **⑩** 대분수의 나눗셈의 활용

굵기가 일정한 철근 $1\frac{1}{4}$ m의 무게가 $5\frac{5}{6}$ kg이라고 합니다. 똑같은 철근 $2\frac{1}{7}$ m의 무게는 몇 kg입니까?

(   ) kg

핵심

먼저 철근 1 m의 무게를 구합니다.

• 정답률 81.0%

유형 **⑪** 색칠할 수 있는 벽의 넓이 구하기

넓이가 $30\frac{2}{5}$ m²인 직사각형 모양의 벽을 칠하는 데 $1\frac{3}{4}$ L의 페인트가 사용된다고 합니다. $8\frac{3}{4}$ L의 페인트로 칠할 수 있는 벽의 넓이는 몇 m²입니까?

(   ) m²

핵심

먼저 1 L의 페인트로 칠할 수 있는 벽의 넓이를 구합니다.

20 굵기가 일정한 나무토막 $2\frac{1}{7}$ m의 무게가 $9\frac{3}{8}$ kg이라고 합니다. 똑같은 나무토막 $3\frac{1}{5}$ m의 무게는 몇 kg입니까?

(   ) kg

21 $29\frac{1}{6}$ km를 가는 데 $2\frac{1}{2}$ L의 휘발유를 사용하는 자동차가 있습니다. 이 자동차가 $3\frac{6}{7}$ L의 휘발유로 갈 수 있는 거리는 몇 km입니까?

(   ) km

22 가로가 6 m, 세로가 $1\frac{7}{8}$ m인 직사각형 모양의 벽을 칠하는 데 $6\frac{1}{4}$ L의 페인트가 사용된다고 합니다. $10\frac{8}{9}$ L의 페인트로 칠할 수 있는 벽의 넓이는 몇 m²입니까?

(   ) m²

23 가로가 5 m, 세로가 $2\frac{3}{8}$ m인 직사각형 모양의 벽을 칠하는 데 $7\frac{1}{2}$ L의 페인트가 사용된다고 합니다. $13\frac{1}{3}$ L의 페인트로 칠할 수 있는 벽의 넓이는 몇 m²입니까?

(   ) m²

• 정답률 79.9%

유형 ⑫ 올림을 활용한 나눗셈

$20\,L$들이 물통에 물이 $2\dfrac{1}{5}\,L$ 들어 있습니다. 이 물통에 $\dfrac{3}{5}\,L$들이 그릇으로 물을 부어 가득 채우려고 합니다. 그릇으로 적어도 몇 번을 부어야 합니까?

(   )번

핵심

물을 붓는 횟수가 분수로 $\bullet\dfrac{\blacksquare}{\blacktriangle}$번이면 가득 채워야 할 때는 ($\bullet+1$)번 부어야 합니다.

• 정답률 77.7%

유형 ⑬ (자연수)÷(진분수)

(자연수)÷(진분수)는 (자연수)÷(자연수)로 계산할 수 있습니다. ㉠+㉡을 구하시오.

$$6 \div \frac{2}{5} = \frac{\boxed{㉠}}{5} \div \frac{2}{5} = \boxed{} \div \boxed{} = \boxed{㉡}$$

(   )

핵심

자연수를 분수로 바꿀 때 나누는 진분수의 분모와 같은 가분수로 나타냅니다.

24 $15\,L$들이 물통에 물이 $\dfrac{3}{8}\,L$ 들어 있습니다. 이 물통에 $\dfrac{3}{7}\,L$들이 그릇으로 물을 부어 가득 채우려고 합니다. 그릇으로 적어도 몇 번을 부어야 합니까?

(   )번

25 (자연수)÷(진분수)는 (자연수)÷(자연수)로 바꾸어 계산할 수 있습니다. ㉠−㉡을 구하시오.

$$8 \div \frac{2}{3} = \frac{\boxed{㉠}}{3} \div \frac{2}{3} = \boxed{} \div \boxed{} = \boxed{㉡}$$

(   )

26 (자연수)÷(진분수)는 (자연수)÷(자연수)로 바꾸어 계산할 수 있습니다. ㉡−㉠을 구하시오.

$$9 \div \frac{3}{7} = \frac{63}{\boxed{㉠}} \div \frac{3}{7} = \boxed{} \div \boxed{} = \boxed{㉡}$$

(   )

• 정답률 66.9%

유형 14 버림을 활용한 (자연수) ÷ (분수)

길이가 $\frac{3}{5}$ m인 철사를 이용하여 기린 모양을 1개 만들 수 있습니다. 길이가 20 m인 철사로는 똑같은 기린 모양을 몇 개까지 만들 수 있습니까?

(   )개

핵심

'몇 개까지'이면 분수 부분을 버리고 자연수 부분만 생각합니다.

• 정답률 67.1%

유형 15 팔 수 있는 양 구하기

다음 쌀과 보리를 모두 섞어서 한 봉지에 $1\frac{7}{8}$ kg씩 담아 팔려고 합니다. 쌀과 보리를 담은 봉지는 몇 봉지까지 팔 수 있습니까?

쌀: $9\frac{3}{4}$ kg, 보리: $6\frac{1}{2}$ kg

(   )봉지

주의

한 봉지가 $1\frac{7}{8}$ kg이 안 되는 것은 팔 수 없습니다.

27 무게가 $\frac{4}{25}$ kg인 찰흙을 이용하여 버스 모양을 1개 만들 수 있습니다. 무게가 11 kg인 찰흙으로는 똑같은 버스 모양을 몇 개까지 만들 수 있습니까?

(   )개

28 길이가 $\frac{5}{6}$ m인 철사를 이용하여 공 모양을 1개 만들 수 있습니다. 길이가 28 m인 철사로는 똑같은 공 모양을 몇 개까지 만들 수 있습니까?

(   )개

29 다음 노란색 페인트와 파란색 페인트를 모두 섞어 만든 초록색 페인트를 한 통에 $1\frac{1}{9}$ L씩 나누어 담아 팔려고 합니다. 초록색 페인트를 몇 통까지 팔 수 있습니까?

노란색 페인트: $14\frac{5}{6}$ L

파란색 페인트: $13\frac{1}{2}$ L

(   )통

유형 16 시간을 활용한 분수의 나눗셈

자동차를 타고 48 km를 가는 데 45분이 걸렸습니다. 같은 빠르기로 1시간 동안에는 몇 km를 갈 수 있습니까?

(   ) km

핵심

1시간은 60분이므로 ■분은 $\dfrac{■}{60}$시간과 같습니다.

유형 17 일한 양을 활용한 분수의 나눗셈

어떤 일을 하는데 소라는 6일 동안 전체의 $\dfrac{1}{8}$을, 명호는 4일 동안 전체의 $\dfrac{1}{6}$을 합니다. 두 사람이 같이 일을 했을 때 모두 마치려면 며칠이 걸립니까? (단, 소라와 명호는 각각 일정한 빠르기로 일을 합니다.)

(   )일

핵심

전체의 양을 모르는 경우에는 전체의 양을 1로 계산합니다.

30 보트를 타고 35 km를 가는 데 25분이 걸렸습니다. 같은 빠르기로 1시간 동안에는 몇 km를 갈 수 있습니까?

(   ) km

32 어떤 일을 하는데 지혜는 10일 동안 전체의 $\dfrac{1}{4}$을, 경태는 6일 동안 전체의 $\dfrac{1}{10}$을 합니다. 두 사람이 같이 일을 했을 때 모두 마치려면 며칠이 걸립니까? (단, 지혜와 경태는 각각 일정한 빠르기로 일을 합니다.)

(   )일

31 기차를 타고 175 km를 가는 데 35분이 걸렸습니다. 같은 빠르기로 2시간 동안에는 몇 km를 갈 수 있습니까?

(   ) km

1단원 종합

유형 4

1 □ 안에 알맞은 수를 구하시오.

$$1\frac{7}{11} \times \square = 2\frac{3}{4}$$

(   )

유형 5

2 넓이가 $16\frac{4}{9}$ cm²인 삼각형의 밑변의 길이가 $9\frac{1}{3}$ cm일 때 이 삼각형의 높이는 몇 cm인지 구하시오.

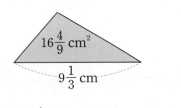

(   ) cm

유형 6

3 ㉠+㉡-㉢을 구하시오.

- ㉠ $\div \frac{1}{4} = 20$
- ㉡ $\div \frac{1}{6} = 48$
- ㉢ $\div \frac{1}{8} = 32$

(   )

4 어떤 수를 $\frac{7}{8}$로 나누어야 할 것을 잘못하여 곱했더니 $\frac{21}{32}$이 되었습니다. 바르게 계산한 값은 얼마인지 기약분수로 나타내시오.

(   )

5 유형 ⑧
□ 안에 들어갈 수 있는 모든 자연수의 합을 구하시오.

$$54 \div \dfrac{6}{\square} < 70$$

(   )

6 유형 ⑨
□ 안에 들어갈 수 있는 자연수는 모두 몇 개입니까?

$$8\dfrac{5}{8} \div 1\dfrac{1}{5} < \square < 26\dfrac{1}{9} \div 2\dfrac{1}{12}$$

(   )개

7 유형 ⑩
$32\dfrac{4}{5}$ km를 가는 데 $1\dfrac{7}{9}$ L의 휘발유를 사용하는 자동차가 있습니다. 이 자동차가 $4\dfrac{1}{6}$ L의 휘발유로 갈 수 있는 거리는 몇 km입니까?

(   )km

8 유형 ⑫
30 L들이 물통에 물이 $4\dfrac{1}{5}$ L 들어 있습니다. 이 물통에 $\dfrac{3}{7}$ L들이 그릇으로 물을 부어 가득 채우려고 합니다. 그릇으로 적어도 몇 번을 부어야 합니까?

(   )번

수학 학력평가

유형 ⑮

9 다음의 쌀과 보리를 모두 섞어서 한 봉지에 $1\frac{1}{4}$ kg씩 담아 팔려고 합니다. 쌀과 보리를 담은 봉지는 몇 봉지까지 팔 수 있습니까?

$$쌀: 8\frac{3}{5}\,\text{kg, 보리}: 6\frac{2}{3}\,\text{kg}$$

(   )봉지

유형 ⑬

10 (자연수)÷(진분수)는 (자연수)÷(자연수)로 바꾸어 계산할 수 있습니다. ㉠+㉡+㉢을 구하시오.

$$16 \div \frac{8}{11} = \frac{㉠}{11} \div \frac{8}{11} = \boxed{} \div ㉡ = ㉢$$

(   )

유형 ⑯

11 비행기를 타고 120 km를 가는 데 8분이 걸렸습니다. 같은 빠르기로 24시간 동안에는 몇 km를 갈 수 있습니까?

(   ) km

유형 ⑰

12 어떤 일을 하는데 강희는 8일 동안 전체의 $\frac{1}{3}$을, 승우는 4일 동안 전체의 $\frac{1}{2}$을 합니다. 강희가 3일 동안 일한 후 승우가 나머지 일을 마친다면 승우는 며칠 동안 일을 해야 합니까? (단, 승우와 강희는 각각 일정한 빠르기로 일을 합니다.)

(   )일

2단원 기출 유형

정답률 **75%**이상

• 정답률 99.6%

유형 ① 나누어지는 수와 나누는 수의 규칙을 알고 몫 구하기

□ 안에 알맞은 수를 구하시오.

$$32 \div 8 = 4$$
$$32 \div 0.8 = 40$$
$$32 \div 0.08 = \boxed{}$$

(   )

핵심

나누어지는 수는 같고 나누는 수가 $\frac{1}{10}$배, $\frac{1}{100}$배가 되면 몫은 10배, 100배가 됩니다.

• 정답률 99.2%

유형 ② (자연수)÷(소수)의 계산

큰 수를 작은 수로 나눈 몫을 구하시오.

| 4.2 | 63 |

(   )

핵심

나누는 수와 나누어지는 수의 소수점을 똑같이 옮겨 (자연수)÷(자연수)로 나타내어 계산합니다.

---

1 □ 안에 알맞은 수를 구하시오.

$$270 \div 45 = 6$$
$$270 \div 4.5 = 60$$
$$270 \div 0.45 = \boxed{}$$

(   )

---

3 큰 수를 작은 수로 나눈 몫을 빈칸에 써넣으시오.

6.5	91

---

2 □ 안에 알맞은 수를 구하시오.

$$432 \div 8 = 54$$
$$43.2 \div 8 = 5.4$$
$$4.32 \div 8 = \boxed{}$$

(   )

---

4 몫이 가장 작은 것의 기호를 쓰시오.

㉠ $72 \div 4.5$
㉡ $93 \div 6.2$
㉢ $105 \div 7.5$

(   )

• 정답률 98.9%

유형 ③ (소수)÷(소수)의 활용

물이 15.4 L 있습니다. 이 물을 하루에 2.2 L씩 마신다면, 모두 마시는 데 며칠이 걸리는지 구하시오.

( )일

핵심

(물을 모두 마시는 데 걸리는 날수)
＝(전체 물의 양)÷(하루에 마시는 물의 양)

5 우유 19.5 L가 있습니다. 이 우유를 하루에 1.3 L씩 마신다면 모두 마시는 데 며칠이 걸리는지 구하시오.

( )일

6 띠 골판지 22.4 m가 있습니다. 이것을 하루에 1.4 m씩 사용한다면 모두 사용하는 데 며칠이 걸리는지 구하시오.

( )일

• 정답률 95.1%

유형 ④ (소수)÷(자연수)의 활용

끈 28.4 m를 한 사람에게 3 m씩 나누어 주려고 합니다. 최대 몇 명에게 나누어 줄 수 있습니까?

( )명

핵심

(소수)÷(자연수)의 몫을 자연수 부분까지 구합니다.

7 색 테이프 32.8 m를 한 사람에게 3 m씩 나누어 주려고 합니다. 최대 몇 명에게 나누어 줄 수 있습니까?

( )명

8 쌀 35.4 kg을 한 사람에게 4 kg씩 나누어 주려고 합니다. 최대 몇 명에게 나누어 줄 수 있습니까?

( )명

• 정답률 90.8%

유형 ⑤ (소수 한 자리 수)÷(소수 한 자리 수)의 몫과 나머지

다음은 나눗셈의 몫을 자연수 부분까지 구하고, 그 나머지를 알아본 것입니다. ㉠에 알맞은 수를 구하시오.

$$334.6 \div 5.3 = \boxed{㉠} \cdots \boxed{}$$

(   )

핵심

나누는 수와 나누어지는 수가 모두 소수 한 자리 수일 때에는 소수점을 각각 오른쪽으로 한 자리씩 옮겨서 계산합니다.

9 다음은 나눗셈의 몫을 자연수 부분까지 구하고, 그 나머지를 알아본 것입니다. ㉠에 알맞은 수를 구하시오.

$$421.1 \div 4.7 = \boxed{} \cdots \boxed{㉠}$$

(   )

10 다음은 나눗셈의 몫을 자연수 부분까지 구하고, 그 나머지를 알아본 것입니다. ㉠+㉡을 구하시오.

$$282.5 \div 3.4 = \boxed{㉠} \cdots \boxed{㉡}$$

(   )

• 정답률 90.1%

유형 ⑥ 버림을 활용한 소수의 나눗셈

수정이네 가족은 약수터에서 물을 20 L 떠 왔습니다. 이 물을 물통 한 개에 1.5 L씩 가득 채운다면 물통을 몇 개까지 가득 채울 수 있습니까?

(   )개

핵심

'몇 개까지'이면 나머지는 버리고 몫만 생각합니다.

11 사랑이네 가족은 마트에서 쌀을 20 kg 사 왔습니다. 이 쌀을 봉지 한 개에 1.8 kg씩 가득 채운다면 봉지를 몇 개까지 가득 채울 수 있습니까?

(   )개

12 영태네 가족은 밭에서 흙을 50 kg 가져왔습니다. 이 흙을 화분 한 개에 2.6 kg씩 가득 채운다면 화분을 몇 개까지 가득 채울 수 있습니까?

(   )개

• 정답률 88.2%

유형 **7** 몫을 반올림하여 나타내기

나눗셈의 몫을 반올림하여 소수 첫째 자리까지 나타낸 값을 10배 하면 얼마인지 구하시오.

$$6.82 \div 4.7$$

(   )

핵심

몫을 반올림하여 소수 첫째 자리까지 나타내려면 소수 둘째 자리에서 반올림해야 합니다.

• 정답률 77.4%

유형 **8** 소수의 나눗셈과 몫의 관계

다음을 계산하면 ㉡은 ㉠의 몇 배입니까?

$$3.01 \div 0.7 = \boxed{㉠}$$
$$30.1 \div 0.07 = \boxed{㉡}$$

(   )배

핵심

● 는 ■ 의 몇 배인지 구하기 ⇨ ● ÷ ■

13 나눗셈의 몫을 반올림하여 소수 첫째 자리까지 나타낸 값을 10배 하면 얼마인지 구하시오.

$$9.35 \div 2.6$$

(   )

15 다음을 계산하면 ㉠은 ㉡의 몇 배입니까?

$$7.74 \div 0.9 = \boxed{㉠}$$
$$77.4 \div 90 = \boxed{㉡}$$

(   )배

14 나눗셈의 몫을 반올림하여 소수 둘째 자리까지 나타낸 값을 100배 하면 얼마인지 구하시오.

$$31.84 \div 6.2$$

(   )

16 다음을 계산하면 ㉡은 ㉠의 몇 배입니까?

$$7.36 \div 3.2 = \boxed{㉠}$$
$$73.6 \div 0.32 = \boxed{㉡}$$

(   )배

• 정답률 75.7%

유형 ⑨ 몫의 소수점 아래 숫자들의 규칙 찾기

다음 나눗셈의 몫을 구할 때 몫의 소수 15째 자리 숫자를 쓰시오.

$$25.68 \div 4.4$$

(   )

핵심

나누어떨어지지 않는 소수의 나눗셈의 몫에서 소수점 아래에 반복되는 규칙을 찾아 소수 15째 자리 숫자를 구합니다.

17 다음 나눗셈의 몫을 구할 때 몫의 소수 10째 자리 숫자를 쓰시오.

$$35.36 \div 3.3$$

(   )

18 다음 나눗셈의 몫을 구할 때 몫의 소수 19째 자리 숫자를 쓰시오.

$$16.35 \div 2.2$$

(   )

• 정답률 75.0%

유형 ⑩ 나누어지는 수를 구하는 식을 이용하기

어떤 수를 0.8로 나누어 몫을 자연수 부분까지 구했더니 몫은 6이고 나머지는 0.43이었습니다. 어떤 수를 1.4로 나누었을 때의 몫을 자연수 부분까지 구하고 나머지를 구하시오.

몫 (   ), 나머지 (   )

핵심

(나누어지는 수)=(나누는 수)×(몫)+(나머지)

19 어떤 수를 2.4로 나누어 몫을 자연수 부분까지 구했더니 몫은 9이고 나머지는 1.82였습니다. 어떤 수를 3.5로 나누었을 때의 몫을 자연수 부분까지 구하고 나머지를 구하시오.

몫 (   ), 나머지 (   )

2단원 기출 유형

정답률 55% 이상

2. 소수의 나눗셈

• 정답률 63.1%

유형 ⑪ 일정한 간격으로 놓인 물건의 수 구하기

길이가 11.76 km인 직선 도로 한쪽에 0.12 km 간격으로 처음부터 끝까지 나무를 심었습니다. 심은 나무는 모두 몇 그루입니까? (단, 나무의 두께는 생각하지 않습니다.)

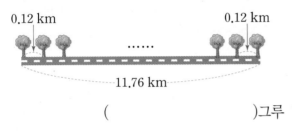

0.12 km   0.12 km

……

11.76 km

(   )그루

핵심

도로 한쪽에 처음부터 끝까지 심은 나무의 수는 나무 사이의 간격 수에 1을 더합니다.

• 정답률 61.5%

유형 ⑫ 소수의 나눗셈의 몫을 반올림하여 나타내기

영등포구는 서울특별시 남서쪽에 있는 구이고, 여의도동을 포함하고 있습니다. 영등포구의 넓이는 24.55 km²이고 여의도동의 넓이는 8.41 km²입니다. 영등포구의 넓이는 여의도동의 넓이의 몇 배인지 반올림하여 소수 둘째 자리까지 나타내었더니 ㉠.㉡㉢배였습니다. ㉠+㉡+㉢의 값은 얼마입니까?

(   )

핵심

나누어떨어지지 않는 소수의 나눗셈의 몫을 반올림하여 소수 둘째 자리까지 나타내려면 몫을 소수 셋째 자리까지 구하여 반올림해야 합니다.

20 길이가 8.96 km인 직선 도로 양쪽에 25.6 m 간격으로 처음부터 끝까지 가로등을 세우려고 합니다. 필요한 가로등은 모두 몇 개입니까?
(단, 가로등의 두께는 생각하지 않습니다.)

(   )개

21 부산광역시 해운대구의 넓이는 51.45 km²이고 부산광역시의 넓이는 765.82 km²입니다. 부산광역시의 넓이는 해운대구 넓이의 몇 배인지 반올림하여 소수 둘째 자리까지 나타내었더니 ㉠㉡.㉢㉣배였습니다. ㉠+㉡+㉢+㉣의 값은 얼마입니까?

(   )

• 정답률 59.4%

유형 13 도형을 이용한 소수의 나눗셈

다음 그림에서 직선 ㄱㄴ과 직선 ㄷㄹ은 서로 평행합니다. 가의 넓이가 97.15 cm²일 때, 나의 넓이는 몇 cm²입니까?

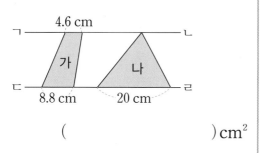

(   ) cm²

핵심

사다리꼴 가와 삼각형 나의 높이는 같습니다.

• 정답률 56.4%

유형 14 반올림한 몫의 범위를 알아보는 문제

다음 나눗셈의 몫을 반올림하여 일의 자리까지 나타내면 4입니다. □ 안에 알맞은 수를 구하시오.

$$\boxed{}.91 \div 0.9$$

(   )

핵심

반올림하여 일의 자리까지 나타내면 ▲가 되는 수의 범위
⇨ (▲−0.5) 이상 (▲+0.5) 미만

---

22 다음 그림에서 직선 ㄱㄴ과 직선 ㄷㄹ은 서로 평행합니다. 나의 넓이가 165 cm²일 때, 가의 넓이는 몇 cm²입니까?

```
    ┌ 15 cm    11.8 cm ┐
 ㄱ ─────────────────── ㄴ
      가  ╱     나
 ㄷ ─────────────────── ㄹ
         14.6 cm
```

(   ) cm²

---

23 다음 나눗셈의 몫을 반올림하여 일의 자리까지 나타내면 6입니다. □ 안에 알맞은 수를 구하시오.

$$\boxed{}.67 \div 0.3$$

(   )

---

24 다음 나눗셈의 몫을 반올림하여 소수 첫째 자리까지 나타내면 7.5입니다. □ 안에 알맞은 수를 구하시오.

$$\boxed{}.23 \div 0.7$$

(   )

1 가장 큰 수를 가장 작은 수로 나눈 몫을 구하시오.

| 57.8 | 47.8 | 1.7 |

(   )

유형 ③

2 길이가 23.8 m인 막대를 0.7 m씩 자르면 모두 몇 도막이 됩니까?

(   )도막

유형 ④

3 끈 45.2 m를 한 사람에게 4 m씩 나누어 주려고 합니다. 최대 몇 명에게 나누어 줄 수 있습니까?

(   )명

유형 ⑬

4 넓이가 64.8 cm²인 평행사변형이 있습니다. 이 평행사변형의 밑변의 길이가 7.2 cm일 때, 높이는 몇 cm입니까?

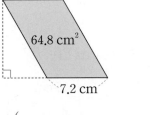

64.8 cm²

7.2 cm

(   ) cm

유형 5

5 다음은 나눗셈의 몫을 자연수 부분까지 구하고 그 나머지를 알아본 것입니다. ㉠+㉡을 구하시오.

$$453.2 \div 6.8 = ㉠ \cdots ㉡$$

(   )

유형 12

6 다음 나눗셈식의 몫을 반올림하여 소수 둘째 자리까지 나타내면 ㉠.㉡㉢이 됩니다. ㉠+㉡+㉢의 값을 구하시오.

$$16.6 \div 6$$

(   )

유형 6

7 명수는 길이가 각각 37.4 cm, 42.6 cm인 색 테이프를 겹치는 부분 없이 한 줄로 이어 붙인 다음 한 도막에 3.5 cm씩 자르려고 합니다. 길이가 3.5 cm인 색 테이프를 몇 도막까지 만들 수 있습니까?

(   )도막

유형 8

8 ㉠은 ㉡의 몇 배입니까?

$$42.4 \div 0.08 = ㉠$$
$$4.24 \div 0.8 = ㉡$$

(   )배

유형 ⑨

9 다음 나눗셈의 몫을 구할 때, 몫의 소수 14째 자리 숫자를 쓰시오.

$$65.78 \div 2.7$$

( )

10 어떤 수를 4.7로 나누어야 할 것을 잘못하여 곱했더니 397.62가 되었습니다. 바르게 계산했을 때의 몫을 구하시오.

( )

11 주석이는 동화책을 전체의 0.65만큼 읽었더니 84쪽이 남았습니다. 주석이가 읽고 있는 동화책의 전체 쪽수는 몇 쪽입니까?

( )쪽

유형 ⑭

12 다음 소수 한 자리 수끼리의 나눗셈에서 몫을 반올림하여 소수 첫째 자리까지 나타내면 8.4입니다. □ 안에 들어갈 수 있는 숫자는 모두 몇 개입니까?

$$51.\square \div 6.2$$

( )개

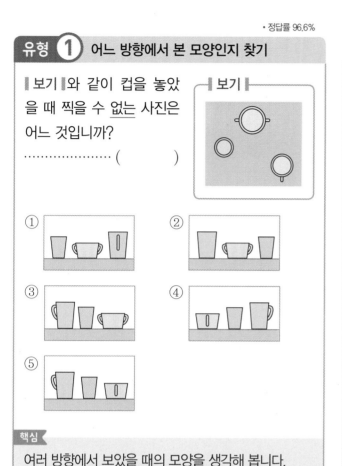

유형 ① 어느 방향에서 본 모양인지 찾기

• 정답률 96.6%

┃보기┃와 같이 컵을 놓았을 때 찍을 수 <u>없는</u> 사진은 어느 것입니까?
.... ( )

┃보기┃

① ② ③ ④ ⑤

핵심

여러 방향에서 보았을 때의 모양을 생각해 봅니다.

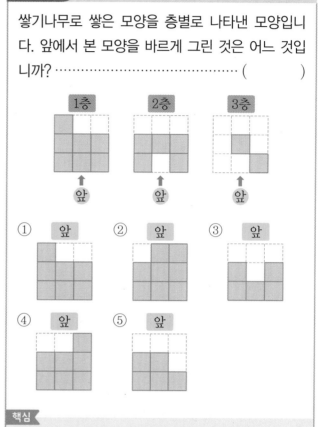

유형 ② 층별로 나타낸 모양을 보고 위, 앞, 옆에서 본 모양 알기

• 정답률 96.3%

쌓기나무로 쌓은 모양을 층별로 나타낸 모양입니다. 앞에서 본 모양을 바르게 그린 것은 어느 것입니까? .... ( )

1층 2층 3층
앞 앞 앞

① 앞 ② 앞 ③ 앞
④ 앞 ⑤ 앞

핵심

위에서 본 모양과 1층 모양은 서로 같습니다.

1 은주와 친구들이 여러 방향에서 사진을 찍었습니다. 누가 찍은 것인지 이름을 쓰시오.

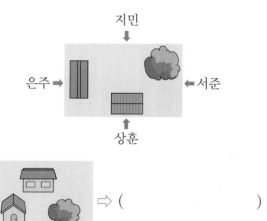

지민

은주 → ← 서준

상훈

⇨ ( )

2 쌓기나무로 쌓은 모양을 층별로 나타낸 모양입니다. 위, 앞, 옆에서 본 모양을 각각 그려 보시오.

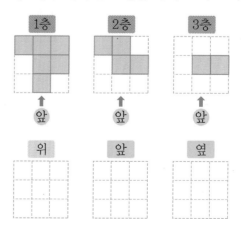

1층 2층 3층
앞 앞 앞

위 앞 옆

• 정답률 95.3%

유형 **3** 주어진 자리에 쌓은 쌓기나무의 개수 구하기

쌓기나무 13개로 쌓은 모양입니다. 오른쪽 그림의 위에서 본 모양을 보고 ㉠과 ㉡에 쌓은 쌓기나무는 모두 몇 개인지 구하시오.

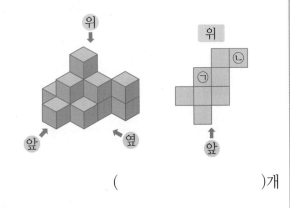

(   )개

핵심

쌓기나무로 쌓은 모양을 보고 위에서 본 모양의 ㉠과 ㉡의 자리를 각각 찾아봅니다.

3 쌓기나무 14개로 쌓은 모양입니다. 오른쪽 위에서 본 모양을 보고 ㉠과 ㉡에 쌓은 쌓기나무는 모두 몇 개인지 구하시오.

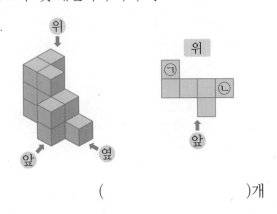

(   )개

• 정답률 93.2%

유형 **4** 위에서 본 모양을 보고 쌓기나무의 개수 구하기

주어진 모양과 똑같이 쌓는 데 필요한 쌓기나무의 개수를 구하시오.

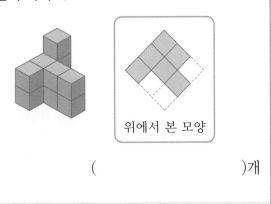

위에서 본 모양

(   )개

주의

쌓기나무의 수를 셀 때에는 보이지 않는 쌓기나무가 있는지 주의합니다.

4 주어진 모양과 똑같이 쌓는 데 필요한 쌓기나무의 개수를 구하시오.

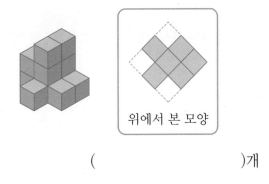

위에서 본 모양

(   )개

5 유민이가 쌓기나무 15개를 가지고 있습니다. 주어진 모양과 똑같이 쌓는다면 쌓기나무는 몇 개 남습니까?

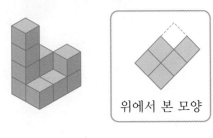

위에서 본 모양

(   )개

• 정답률 92.7%

유형 **5** 쌓기나무 1개를 더 붙여서 만들 수 있는 모양 찾기

쌓기나무 4개를 붙여 만든 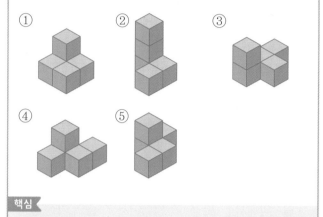 모양에 쌓기나무 1개를 더 붙여서 만들 수 있는 모양이 <u>아닌</u> 것은 어느 것입니까? ·················· ( )

① ② ③
④ ⑤

핵심

•  모양에 쌓기나무 1개를 더 붙여서 모양 만들기

예

6 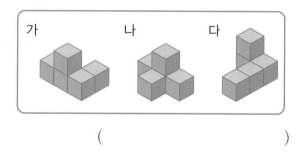 모양에 쌓기나무 1개를 더 붙여서 만들 수 있는 모양을 모두 찾아 기호를 쓰시오.

가 나 다

( )

• 정답률 92.0%

유형 **6** 층별로 나타낸 모양을 보고 쌓기나무의 개수 구하기

아라와 희완이가 쌓기나무로 쌓은 모양을 층별로 나타낸 것입니다. 두 사람이 사용한 쌓기나무의 개수를 구하시오.

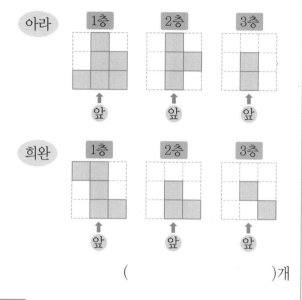

( )개

핵심

두 사람이 각 층에 쌓은 쌓기나무의 개수를 구하여 더합니다.

7 지훈이와 태희가 쌓기나무로 쌓은 모양을 층별로 나타낸 것입니다. 두 사람이 사용한 쌓기나무의 개수를 구하시오.

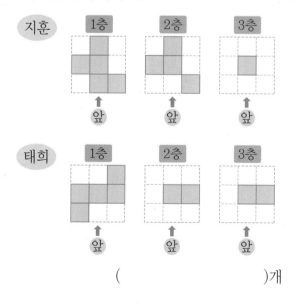

( )개

• 정답률 91.9%

유형 **7** 빼낸 쌓기나무의 개수 구하기

쌓기나무 25개로 쌓은 모양에서 몇 개를 빼냈더니 쌓기나무로 쌓은 모양과 위에서 본 모양이 다음과 같았습니다. 빼낸 쌓기나무는 몇 개입니까?

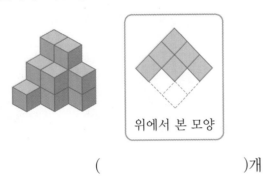

위에서 본 모양

(   )개

핵심

(빼낸 쌓기나무의 개수)
＝(처음에 가지고 있던 쌓기나무의 개수)
   －(남은 쌓기나무의 개수)

• 정답률 89.5%

유형 **8** 보이는 쌓기나무의 개수 구하기

쌓기나무로 쌓은 모양을 보고 위에서 본 모양에 수를 썼습니다. 쌓은 모양을 앞에서 보았을 때 보이는 쌓기나무의 개수를 구하시오.

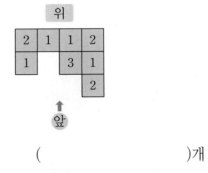

위

2	1	1	2
1		3	1
			2

↑
앞

(   )개

핵심

• 위에서 본 모양: 1층의 모양과 같습니다.
• 앞·옆에서 본 모양: 각 방향에서 각 줄의 가장 높은 층수만큼 보입니다.

8 쌓기나무 27개로 쌓은 모양에서 몇 개를 빼냈더니 쌓기나무로 쌓은 모양과 위에서 본 모양이 다음과 같았습니다. 빼낸 쌓기나무는 몇 개입니까?

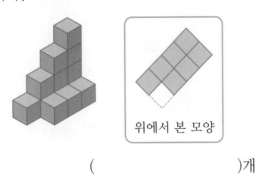

위에서 본 모양

(   )개

9 쌓기나무로 쌓은 모양을 보고 위에서 본 모양에 수를 썼습니다. 쌓은 모양을 앞에서 보았을 때 보이는 쌓기나무의 개수와 쌓은 모양을 옆에서 보았을 때 보이는 쌓기나무의 개수를 각각 구하시오.

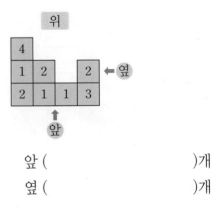

위

| 4 | | | |
| 1 | 2 | | 2 | ← 옆
| 2 | 1 | 1 | 3 |

↑
앞

앞 (   )개
옆 (   )개

유형 9 위, 앞, 옆에서 본 모양으로 쌓기나무의 개수 구하기

쌓기나무로 쌓은 모양을 위, 앞, 옆에서 본 모양입니다. 똑같은 모양으로 쌓는 데 필요한 쌓기나무의 개수를 구하시오.

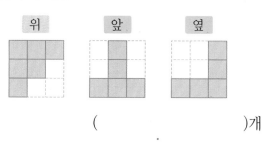

(   )개

핵심

앞과 옆에서 본 모양을 보고 위에서 본 모양의 ㉠~㉢의 자리에 쌓기나무의 개수를 씁니다.

10 쌓기나무로 쌓은 모양을 위, 앞, 옆에서 본 모양입니다. 똑같은 모양으로 쌓는 데 필요한 쌓기나무의 개수를 구하시오.

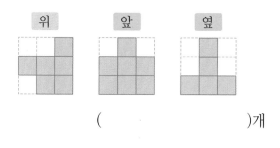

(   )개

유형 10 쌓기나무로 만들 수 있는 서로 다른 모양 찾기

 모양에 쌓기나무 1개를 더 붙여서 만들 수 있는 서로 다른 모양은 모두 몇 가지입니까?

(   )가지

핵심

쌓기나무로 만든 모양을 뒤집거나 돌려서 모양이 같으면 같은 모양입니다.

예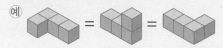

11 모양에 쌓기나무 1개를 더 붙여서 만들 수 있는 서로 다른 모양은 모두 몇 가지입니까?

(   )가지

12 쌓기나무 4개로 만들 수 있는 서로 다른 모양은 모두 몇 가지입니까?

(   )가지

• 정답률 84.0%

유형 ⑪ 가장 적은(많은) 쌓기나무의 개수 구하기

쌓기나무로 쌓은 모양을 위, 앞, 옆에서 본 모양입니다. 쌓은 쌓기나무의 개수가 가장 적을 때의 쌓기나무는 몇 개입니까?

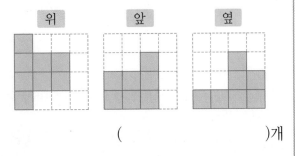

( )개

핵심

① 앞과 옆에서 본 모양을 보고 위에서 본 모양의 각 자리에 정확히 알 수 있는 쌓기나무의 개수를 써넣습니다.
② ①에서 수를 쓰고 남은 자리에 쌓을 수 있는 가장 적은(많은) 쌓기나무의 개수를 알아봅니다.

13 쌓기나무로 쌓은 모양을 위, 앞, 옆에서 본 모양입니다. 쌓은 쌓기나무의 개수가 가장 많을 때의 쌓기나무는 몇 개입니까?

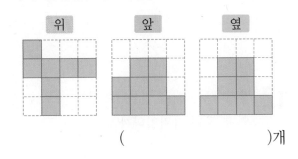

( )개

• 정답률 81.7%

유형 ⑫ 빼고 남은 쌓기나무의 개수 구하기

쌓기나무로 쌓은 모양을 보고 위에서 본 모양에 수를 썼습니다. 4층에 쌓은 쌓기나무를 뺀 나머지 쌓기나무는 몇 개입니까?

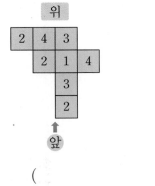

( )개

핵심

(4층을 뺀 나머지 쌓기나무의 개수)
＝(전체 쌓기나무의 개수)－(4층에 쌓은 쌓기나무의 개수)

14 쌓기나무로 쌓은 모양을 보고 위에서 본 모양에 수를 썼습니다. 3층과 4층에 쌓은 쌓기나무를 뺀 나머지 쌓기나무는 몇 개입니까?

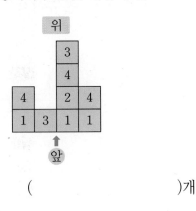

( )개

• 정답률 77.1%

유형 13 색칠한 쌓기나무의 개수 구하기

쌓기나무를 쌓아 만든 정육면체 모양의 바깥쪽 면을 페인트로 칠했습니다. 세 면에 페인트가 칠해진 쌓기나무는 모두 몇 개입니까?

(단, 바닥에 닿는 면도 칠합니다.)

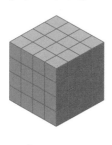

( )개

핵심

(세 면에 페인트가 칠해진 쌓기나무의 개수)
=(가장 큰 정육면체의 꼭짓점의 개수)

• 정답률 75.4%

유형 14 조건에 맞는 쌓기나무를 쌓을 수 있는 가지 수 구하기

쌓기나무 5개를 사용하여 ▌조건▌을 모두 만족하도록 쌓아보려고 합니다. 쌓을 수 있는 방법은 모두 몇 가지입니까?

▌조건▌

• 오른쪽 위에서 본 모양에 쌓기나무를 쌓아야 합니다.
• 각 자리마다 적어도 한 개의 쌓기나무를 쌓아야 합니다.

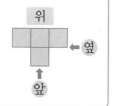

( )가지

주의

위에서 본 모양에 수를 써넣는 방법으로 조건에 맞는 경우를 빠뜨리지 않도록 주의합니다.

15 쌓기나무를 쌓아 만든 정육면체 모양의 바깥쪽 면을 페인트로 칠했습니다. 두 면에 페인트가 칠해진 쌓기나무는 모두 몇 개입니까?

(단, 바닥에 닿는 면도 칠합니다.)

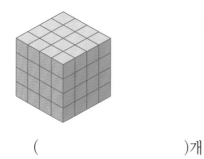

( )개

16 쌓기나무 6개를 사용하여 ▌조건▌을 모두 만족하도록 쌓아보려고 합니다. 쌓을 수 있는 방법은 모두 몇 가지입니까?

▌조건▌

• 오른쪽 위에서 본 모양에 쌓기나무를 쌓아야 합니다.
• 각 자리마다 적어도 한 개의 쌓기나무를 쌓아야 합니다.

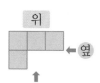

( )가지

• 정답률 64.8%

유형 15 쌓기나무로 쌓은 모양의 겉넓이 구하기

한 모서리의 길이가 2 cm인 쌓기나무 30개로 다음과 같은 모양을 만들었습니다. 쌓기나무로 쌓은 모양의 겉넓이는 몇 cm²입니까?

(단, 바닥에 닿는 면도 포함됩니다.)

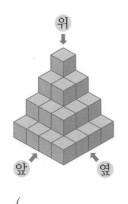

(   ) cm²

핵심

(쌓기나무로 쌓은 모양의 겉넓이)
＝(쌓기나무의 한 면의 넓이)×(보이는 면의 수)

• 정답률 62.7%

유형 16 가장 작은 정육면체 만들기

주어진 모양에 쌓기나무를 더 쌓아 가장 작은 정육면체를 만들려고 합니다. 더 필요한 쌓기나무는 몇 개입니까?

위에서 본 모양

(   )개

핵심

(더 필요한 쌓기나무의 개수)
＝(가장 작은 정육면체 모양의 쌓기나무의 개수)
  －(주어진 쌓기나무의 개수)

17 한 모서리의 길이가 3 cm인 쌓기나무 20개로 다음과 같은 모양을 만들었습니다. 쌓기나무로 쌓은 모양의 겉넓이는 몇 cm²입니까?

(단, 바닥에 닿는 면도 포함됩니다.)

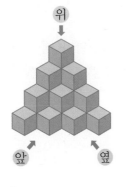

(   ) cm²

18 주어진 모양에 쌓기나무를 더 쌓아 가장 작은 정육면체를 만들려고 합니다. 더 필요한 쌓기나무는 몇 개입니까?

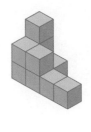 

위에서 본 모양

(   )개

• 정답률 57.6%

유형 17 쌓은 모양을 보고 위, 앞, 옆에서 본 모양 그리기

쌓기나무로 쌓은 모양과 위에서 본 모양입니다. 앞과 옆에서 본 모양을 각각 그렸을 때 색칠한 칸은 모두 몇 칸입니까?

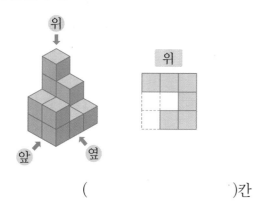

( )칸

핵심
앞·옆에서 본 모양을 그릴 때에는 각 방향에서 각 줄의 가장 높은 층수만큼 그립니다.

• 정답률 55.3%

유형 18 쌓기나무 개수의 최대와 최소의 차 구하기

쌓기나무로 쌓은 모양을 위, 앞, 옆에서 본 모양입니다. 쌓은 쌓기나무의 개수가 가장 많을 때와 가장 적을 때의 차는 몇 개입니까?

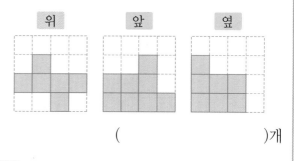

( )개

핵심
쌓기나무로 쌓은 모양의 위, 앞, 옆에서 본 모양을 이용하여 쌓은 쌓기나무의 개수를 구할 수 있습니다.

19 쌓기나무 10개로 쌓은 모양입니다. 위, 앞, 옆에서 본 모양을 각각 그렸을 때 색칠한 칸은 모두 몇 칸입니까?

(단, 쌓기나무는 면끼리 닿게 쌓았습니다.)

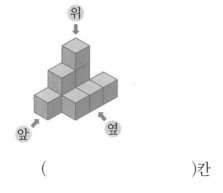

( )칸

20 쌓기나무로 쌓은 모양을 위, 앞, 옆에서 본 모양입니다. 쌓은 쌓기나무의 개수가 가장 많을 때와 가장 적을 때의 차는 몇 개입니까?

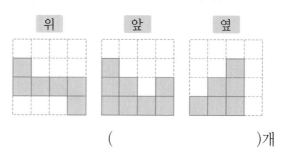

( )개

유형 ①

1 다음과 같이 놓인 공을 여러 방향에서 사진을 찍었습니다. 사진을 찍은 방향을 찾아 기호를 쓰시오.

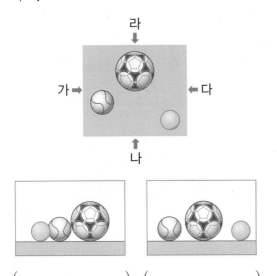

(   ) (   )

유형 ④

2 주어진 모양과 똑같이 쌓는 데 필요한 쌓기나무의 개수를 구하시오.

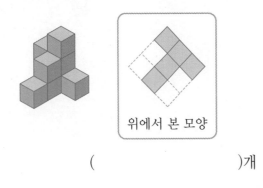

위에서 본 모양

(   )개

유형 ⑤

3 보기의 모양에 쌓기나무 1개를 더 붙여서 만들 수 <u>없는</u> 모양을 모두 찾아 기호를 쓰시오.

보기

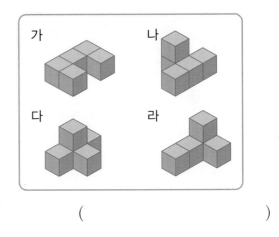

(   )

4 왼쪽은 쌓기나무로 쌓은 모양을 보고 위에서 본 모양에 수를 썼습니다. 옆에서 본 모양을 그려 보시오.

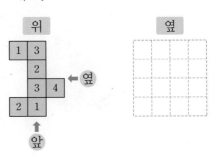

유형 ②

5 쌓기나무로 쌓은 모양을 층별로 나타낸 모양입니다. 쌓은 모양을 위에서 본 모양에 수를 쓰는 방법으로 나타내시오.

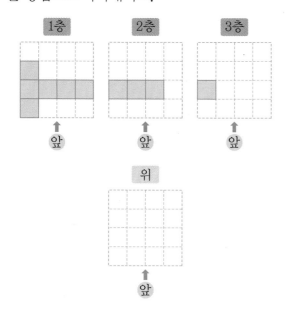

유형 ⑫

7 쌓기나무로 쌓은 모양을 보고 위에서 본 모양에 수를 썼습니다. 2층 이상에 쌓은 쌓기나무는 몇 개입니까?

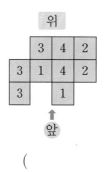

(   )개

유형 ⑦

8 쌓기나무 30개로 쌓은 모양에서 몇 개를 빼냈더니 쌓기나무로 쌓은 모양과 위에서 본 모양이 다음과 같았습니다. 빼낸 쌓기나무는 몇 개입니까?

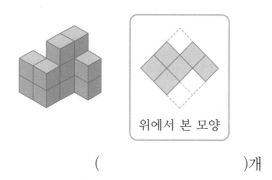

위에서 본 모양

(   )개

유형 ⑨

6 쌓기나무로 쌓은 모양을 위, 앞, 옆에서 본 모양입니다. 똑같은 모양으로 쌓는 데 필요한 쌓기나무의 개수를 구하시오.

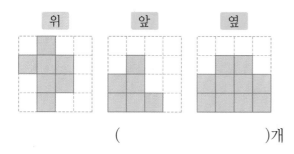

(   )개

유형 ⑪

9 쌓기나무로 쌓은 모양을 위, 앞, 옆에서 본 모양입니다. 쌓은 쌓기나무의 개수가 가장 적을 때의 쌓기나무는 몇 개입니까?

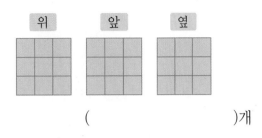

(   )개

유형 ⑬

10 쌓기나무를 쌓아 만든 정육면체 모양의 바깥쪽 면을 물감으로 칠했습니다. 물감이 한 면도 묻지 않은 쌓기나무는 모두 몇 개입니까?

(단, 바닥에 닿는 면도 칠합니다.)

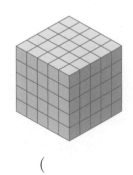

(   )개

유형 ⑯

11 쌓기나무로 쌓은 모양을 층별로 나타낸 모양입니다. 주어진 모양에 쌓기나무를 더 쌓아 가장 작은 정육면체를 만들려고 합니다. 더 필요한 쌓기나무는 몇 개입니까?

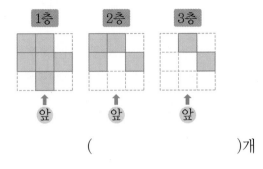

(   )개

유형 ⑰

12 쌓기나무 12개로 쌓은 모양입니다. 이 중에서 빨간색 쌓기나무 3개를 빼낸 후 위, 앞, 옆에서 본 모양을 각각 그렸을 때 색칠한 칸은 모두 몇 칸입니까?

(단, 쌓기나무는 면끼리 닿게 쌓았습니다.)

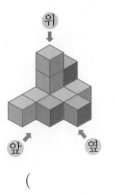

(   )칸

4단원 기출 유형

4. 비례식과 비례배분

• 정답률 95.6%

유형 ① □ 안에 알맞은 수 구하기

비례식의 성질을 이용하여 □ 안에 알맞은 수를 구하시오.

$$9 : \boxed{} = 6 : 28$$

( )

핵심

비례식에서 외항의 곱과 내항의 곱은 같습니다.

외항
■ : ▲ = ● : ★ ⇨ ■ × ★ = ▲ × ●
내항

---

1 비례식의 성질을 이용하여 □ 안에 알맞은 수를 구하시오.

$$7 : 3 = 21 : \boxed{}$$

( )

---

2 비례식에서 내항의 곱이 70일 때 ●에 알맞은 수를 구하시오.

$$5 : 2 = \boxed{} : ●$$

( )

• 정답률 90.1%

유형 ② 비례배분

색종이 60장을 미애와 철수가 7 : 5로 나누어 가졌습니다. 미애가 가진 색종이는 몇 장입니까?

( )장

핵심

• ●를 ■ : ▲로 비례배분하기

$$● × \frac{■}{■ + ▲}, ● × \frac{▲}{■ + ▲}$$

---

3 연필 65자루를 서준이와 희경이가 5 : 8로 나누어 가졌습니다. 희경이가 가진 연필은 몇 자루입니까?

( )자루

---

4 전체 양이 1000 mL인 우유를 준호와 지수가 3 : 5로 나누어 마시려고 합니다. 준호와 지수는 우유를 몇 mL씩 마실 수 있습니까?

준호 ( )mL

지수 ( )mL

· 정답률 89.5%

유형 **3** 비례식 찾기

다음 중 비례식은 어느 것입니까? …… (   )

① $2:1=4:8$

② $0.4:1.6=4:1$

③ $30:3=1:10$

④ $15:7=7:15$

⑤ $\dfrac{2}{5}:\dfrac{3}{5}=2:3$

핵심

외항의 곱과 내항의 곱이 같은지 알아봅니다.

5 비례식인 것을 모두 찾아 기호를 쓰시오.

ㄱ $3:5=9:11$　　ㄴ $2.5:2=5:4$

ㄷ $15:2=30:4$　　ㄹ $\dfrac{1}{4}:\dfrac{1}{6}=2:3$

(   )

· 정답률 87.4%

유형 **4** 전체의 양 구하기

주머니에 있던 구슬을 호영이와 수아가 $8:3$으로 남김없이 모두 나누어 가졌습니다. 호영이가 가진 구슬이 64개일 때 처음 주머니에 있던 구슬은 몇 개입니까?

(   )개

핵심

(부분의 양)＝(전체의 양)×(전체에 대한 부분의 비율)
⇨ (전체의 양)＝(부분의 양)÷(전체에 대한 부분의 비율)

6 상자에 있던 귤을 민하와 정윤이가 $9:5$로 남김없이 모두 나누어 가졌습니다. 민하가 가진 귤이 54개일 때 처음 상자에 있던 귤은 몇 개입니까?

(   )개

· 정답률 84.6%

유형 **5** 비례배분의 활용

지혜는 2일 동안 줄넘기를 모두 450번 넘었습니다. 첫째 날과 둘째 날 넘은 줄넘기 횟수의 비가 $5:13$이었습니다. 줄넘기를 더 많이 넘은 날은 몇 번 넘었습니까?

(   )번

핵심

●를 ■:▲로 나누면 ■＞▲일 때 $●×\dfrac{■}{■+▲}$ 가 더 큽니다.

7 과자 280개를 수정이와 정우에게 $7:13$으로 나누어 줄 때 과자를 더 적게 가진 사람은 누구이고, 몇 개 가졌습니까?

(   ), (   )개

유형 **6** 비례배분하여 도형의 넓이 구하기

· 정답률 83.6%

삼각형 ㄱㄴㄷ의 넓이는 88 cm²이고 선분 ㄴㄹ 과 선분 ㄹㄷ의 길이의 비는 6 : 5입니다. 삼각형 ㄱㄴㄹ의 넓이는 몇 cm²입니까?

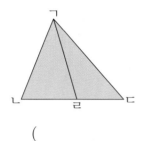

(   ) cm²

핵심

· 평행한 두 직선 사이에 있는 삼각형의 넓이의 비

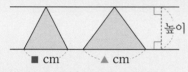

┌ 밑변의 길이의 비 ⇨ ■ : ▲
└ 넓이의 비 ⇨ ■ : ▲

8 삼각형 ㄹㅁㅂ의 넓이는 72 cm²이고 선분 ㅁㅅ 과 선분 ㅅㅂ의 길이의 비는 4 : 5입니다. 삼각 형 ㄹㅅㅂ의 넓이는 몇 cm²입니까?

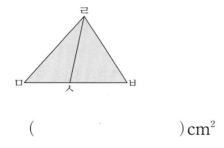

(   ) cm²

유형 **7** 간단한 자연수의 비로 나타내기

· 정답률 82.5%

비 5 : 4.8의 전항과 후항을 될 수 있는 대로 가장 작은 자연수로 나타내었을 때 전항을 구하시오.

(   )

핵심

비의 전항과 후항에 0이 아닌 같은 수를 곱하여 간단한 자연수의 비로 나타낼 수 있습니다.

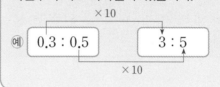

9 비 $\frac{1}{4}$: $\frac{3}{5}$의 전항과 후항을 될 수 있는 대로 가장 작은 자연수로 나타내었을 때 전항과 후 항을 각각 구하시오.

전항 (   )

후항 (   )

10 비를 다음과 같이 간단한 자연수의 비로 나타 내었을 때 후항이 더 작은 것을 찾아 기호를 쓰시오.

┌─────────────────────────┐
│ ㉠ 1.6 : $\frac{7}{10}$ ⇨ 16 : □ │
│ │
│ ㉡ 4 : $2\frac{1}{4}$ ⇨ 16 : □ │
└─────────────────────────┘

(   )

• 정답률 78.9%

유형 **8** 비의 성질

$18 : 30$과 비율이 같고 전항과 후항이 자연수이며
전항이 10보다 작은 수인 경우는 모두 몇 개입니까?

( )개

핵심

• 비의 전항과 후항에 0이 아닌 같은 수를 곱하여도 비율은 같습니다.
• 비의 전항과 후항을 0이 아닌 같은 수로 나누어도 비율은 같습니다.

• 정답률 78.3%

유형 **9** 가장 간단한 자연수의 비로 나타내기

희정이의 가방 무게는 $1\frac{1}{5}$ kg이고, 진수의 가방
무게는 $2\frac{2}{3}$ kg입니다. 희정이와 진수의 가방 무게
의 비를 가장 간단한 자연수의 비로 나타내면 ㉠ : ㉡
일 때 ㉠ × ㉡의 값을 구하시오.

( )

핵심

• (분수) : (분수)를 가장 간단한 자연수의 비로 나타내는 순서
① 각 항에 두 분모의 최소공배수를 곱하기
② 각 항을 두 수의 최대공약수로 나누기

11 $80 : 32$와 비율이 같고 전항과 후항이 자연수이며 후항이 10보다 작은 수인 경우는 모두 몇 개입니까?

( )개

13 냉장고에 주스가 2.4 L, 생수가 $1\frac{13}{20}$ L 있습니다. 냉장고에 있는 주스와 생수의 양의 비를 가장 간단한 자연수의 비로 나타내시오.

( )

12 비율이 $\frac{7}{6}$이고 전항과 후항이 20보다 작은 자연수로 이루어진 비는 모두 몇 개입니까?

( )개

14 분홍색 테이프와 연두색 테이프를 겹치지 않게 다음과 같이 이어 붙였습니다. 분홍색 테이프의 길이와 연두색 테이프의 길이의 비를 가장 간단한 자연수의 비로 나타내시오.

0.8 m

2.6 m

( )

• 정답률 75.6%

유형 ⑩ 비례식의 활용

가로와 세로의 비가 7 : 4인 직사각형이 있습니다. 이 직사각형의 가로가 28 cm라면 둘레는 몇 cm입니까?

( ) cm

핵심

비례식을 이용하여 문제를 해결할 때에는 구하려고 하는 것을 □라 하고 비례식을 세웁니다.

15 가로와 세로의 비가 3 : 8인 직사각형이 있습니다. 이 직사각형의 세로가 40 cm라면 둘레는 몇 cm입니까?

( ) cm

16 가로와 세로의 비가 20 : 3인 직사각형 모양의 화단이 있습니다. 이 화단의 가로가 300 cm라면 넓이는 몇 cm²입니까?

( ) cm²

• 정답률 75.2%

유형 ⑪ 톱니바퀴의 톱니 수와 회전수 알기

맞물려 돌아가는 두 톱니바퀴 ㉮와 ㉯가 있습니다. 톱니바퀴 ㉮의 톱니는 32개이고 톱니바퀴 ㉯의 톱니는 12개입니다. 톱니바퀴 ㉮가 24바퀴 도는 동안 톱니바퀴 ㉯는 몇 바퀴 돌겠습니까?

( ) 바퀴

핵심

톱니 수의 비 ⇨ ■ : ▲일 때
회전수의 비 ⇨ ▲ : ■입니다.

4 단원

17 맞물려 돌아가는 두 톱니바퀴 ㉮와 ㉯가 있습니다. 톱니바퀴 ㉮의 톱니는 18개이고 톱니바퀴 ㉯의 톱니는 24개입니다. 톱니바퀴 ㉯가 15바퀴 돌 때, 톱니바퀴 ㉮와 ㉯의 회전수의 차는 몇 바퀴입니까?

( ) 바퀴

• 정답률 69.2%

유형 ⑫ 겹쳐진 부분이 있는 도형에서 넓이의 비 구하기

그림에서 겹쳐진 부분의 넓이는 ㉮의 $\frac{3}{8}$이고 ㉯의 $\frac{2}{5}$입니다. ㉮와 ㉯의 넓이의 비를 가장 간단한 자연수의 비로 나타내면 ㉠ : ㉡일 때 ㉠+㉡을 구하시오.

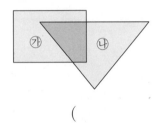

(   )

핵심

두 도형에서 겹쳐진 부분의 넓이는 서로 같습니다.

18 그림에서 겹쳐진 부분의 넓이는 ㉮의 $\frac{3}{7}$이고 ㉯의 40 %입니다. ㉮와 ㉯의 넓이의 비를 가장 간단한 자연수의 비로 나타내시오.

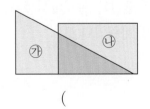

(   )

• 정답률 65.5%

유형 ⑬ 이익금을 비례배분하기

갑, 을 두 사람이 각각 250만 원, 400만 원을 투자하여 얻은 이익금을 투자한 금액의 비로 나누어 가졌습니다. 갑이 받은 이익금이 40만 원이라면 두 사람이 얻은 전체 이익금은 얼마입니까?

(   )만 원

핵심

전체 이익금을 ▢원이라 하고 비례배분하는 식을 세웁니다.

19 ㉮ 회사는 60만 원, ㉯ 회사는 135만 원을 투자하여 얻은 이익금을 투자한 금액의 비로 나누어 가졌습니다. ㉮ 회사가 받은 이익금이 24만 원이라면 두 회사가 얻은 전체 이익금은 얼마입니까?

(   )만 원

유형 14 비례식을 활용하여 문제 해결하기

미술반 남학생과 여학생 수의 비는 3 : 2입니다. 오늘 남학생 6명이 새로 들어와서 남학생과 여학생 수의 비는 2 : 1이 되었습니다. 처음 미술반의 학생은 모두 몇 명입니까?

(   )명

핵심

(남학생 수) : (여학생 수)=3 : 2이면
(남학생 수)=(3 × □)명, (여학생 수)=(2 × □)명이라 할 수 있습니다.

유형 15 조건을 만족하는 수 구하기

비례식 $\dfrac{\text{ⓓ}}{\text{ⓐ}} : \dfrac{\text{ⓒ}}{\text{ⓑ}} = 3 : 1$을 만족하는 자연수 ⓐ, ⓑ, ⓒ가 있습니다. 다음 식의 □ 안에 들어갈 수 있는 자연수는 모두 몇 개인지 구하시오.

$$\frac{\text{ⓑ}}{\text{ⓐ}} + \frac{\text{ⓐ}}{\text{ⓑ}} > \square$$

(   )개

핵심

$\dfrac{\text{ⓓ}}{\text{ⓐ}} : \dfrac{\text{ⓒ}}{\text{ⓑ}}$의 전항과 후항에 0이 아닌 같은 수를 곱하거나 나누어 가장 간단한 비로 나타냅니다.

4 단원

20 어제 성우가 가지고 있는 연필과 색연필 수의 비는 5 : 2입니다. 오늘 연필 9자루를 더 샀더니 연필과 색연필 수의 비는 4 : 1이 되었습니다. 어제 성우가 가지고 있던 연필과 색연필은 모두 몇 자루입니까?

(   )자루

21 비례식 $\dfrac{\text{ⓓ}}{\text{ⓐ}} : \dfrac{\text{ⓒ}}{\text{ⓑ}} = 2 : 5$를 만족하는 자연수 ⓐ, ⓑ, ⓒ가 있습니다. 다음 식의 □ 안에 들어갈 수 있는 자연수를 모두 구하시오.

$$\frac{\text{ⓑ}}{\text{ⓐ}} + \frac{\text{ⓐ}}{\text{ⓑ}} > \square$$

(   )

4단원 종합

1 다음 중에서 □ 안에 들어갈 수 <u>없는</u> 수는 어느 것입니까? ·················· (   )

$$3.6 : 70 \Rightarrow (3.6 \times \boxed{}) : (70 \times \boxed{})$$

① 0   ② 5   ③ 7

④ 8   ⑤ 10

유형 ③

2 비례식이 성립하지 <u>않는</u> 것은 어느 것입니까?
·································· (   )

① $5 : 6 = 20 : 24$

② $\dfrac{1}{3} : \dfrac{1}{4} = 3 : 4$

③ $50 : 2 = 25 : 1$

④ $0.03 : 0.07 = 3 : 7$

⑤ $5 : 9 = 15 : 27$

유형 ⑦

3 비 $0.5 : 1\dfrac{3}{4}$을 후항이 7인 간단한 자연수의 비로 나타냈을 때 전항을 구하시오.

(   )

유형 ①

4 비례식의 성질을 이용하여 □ 안에 알맞은 수를 구하시오.

$$4 : (3 + \boxed{}) = 16 : 60$$

(   )

유형 ②

5 어느 날 낮과 밤의 길이의 비가 5 : 3이라면 밤은 몇 시간입니까?

(   )시간

유형 ⑥

6 평행사변형 ㄱㄴㄷㄹ의 넓이는 112 cm²이고 선분 ㄱㅁ과 선분 ㅁㄹ의 길이의 비는 2 : 5입니다. 평행사변형 ㅁㅂㄷㄹ에서 밑변인 선분 ㅁㄹ의 길이가 10 cm일 때 높이는 몇 cm입니까?

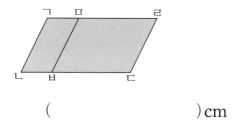

(   )cm

유형 ⑩

7 7분 동안 25 L의 물이 나오는 수도꼭지가 있습니다. 이 수도꼭지를 1시간 24분 동안 틀어 놓으면 물이 몇 L 나오는지 구하시오.

(   )L

유형 ⑨

8 같은 책을 모두 읽는 데 영서는 4시간, 준희는 5시간이 걸렸습니다. 영서와 준희가 각각 한 시간 동안 읽은 책의 양의 비를 가장 간단한 자연수의 비로 나타내시오. (단, 영서와 준희는 각각 일정한 빠르기로 책을 읽습니다.)

(   )

유형 **4**

9 어느 정육점의 소고기 판매량과 돼지고기 판매량의 비가 10 : 14라고 합니다. 소고기 판매량이 120 kg이라면 소고기와 돼지고기 판매량의 합은 몇 kg입니까?

(   )kg

유형 **12**

10 그림과 같이 원 ㉮와 사각형 ㉯가 겹쳐져 있습니다. ㉮와 ㉯의 넓이의 비는 8 : 5입니다. 겹쳐진 부분의 넓이는 ㉮의 $\frac{1}{4}$일 때 겹쳐진 부분의 넓이는 ㉯의 몇 %입니까?

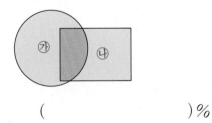

(   )%

유형 **14**

11 아침에 시원이는 딱지 180장을 가지고 있었고, 이때 시원이와 진경이가 가지고 있는 딱지 수의 비는 9 : 4였습니다. 두 사람이 똑같은 수의 딱지를 친구들에게 나누어 주었더니 시원이와 진경이에게 남은 딱지 수의 비가 3 : 1이 되었습니다. 시원이가 친구들에게 나누어 준 딱지는 몇 장입니까?

(   )장

유형 **13**

12 A는 100만 원, B는 A의 $1\frac{1}{4}$배를 투자하여 얻은 이익금을 투자한 금액의 비로 나누어 각자의 투자금과 함께 돌려받기로 했습니다. B가 돌려받을 금액이 160만 원일 때 A가 돌려받을 금액은 얼마입니까?

(   )만 원

1 계산을 하시오.

$$2\frac{1}{4} \div \frac{3}{8}$$

( )

2 그림을 보고 다음 사진은 어느 방향에서 찍은 것인지 번호를 쓰시오.

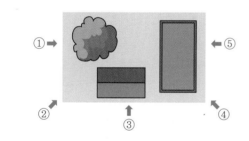

 ⇨ ( )

3 빈 곳에 알맞은 수를 구하시오.

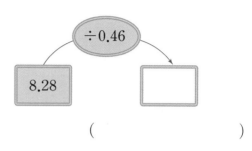

( )

4 가장 큰 수를 가장 작은 수로 나눈 몫을 구하시오.

$$\frac{3}{5} \qquad \frac{3}{7} \qquad \frac{3}{10}$$

( )

5 비례식에서 두 외항의 합이 19라고 합니다. ⓛ에 알맞은 수를 구하시오.

$$㉠ : ㉡ = 3 : 4$$

( )

실전 모의 고사

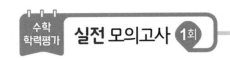

6 쌓기나무로 쌓은 모양을 보고 위에서 본 모양에 수를 썼습니다. 3층에 쌓은 쌓기나무는 몇 개입니까?

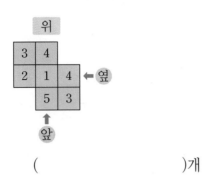

위

3	4

2 1 4 ← 옆

5	3

↑
앞

(   )개

7 □ 안에 알맞은 수를 구하시오.

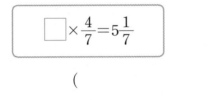

$$\square \times \frac{4}{7} = 5\frac{1}{7}$$

(   )

8 라희네 집에서 학교까지의 거리는 3.5 km이고, 은행까지의 거리는 $4\frac{1}{5}$ km입니다. 라희네 집에서 학교까지의 거리와 은행까지의 거리의 비를 가장 간단한 자연수의 비로 나타내면 ㉠ : ㉡일 때 ㉠＋㉡을 구하시오.

(   )

9 태종무열왕은 삼국 통일의 기반을 다진 신라 시대의 왕입니다. 다음은 민하가 오른쪽 태종무열왕릉을 보고 쌓기

▲ 태종무열왕릉

나무를 쌓은 모양과 위에서 본 모양입니다. 각 층이 직육면체 모양이 되도록 쌓았다면 민하가 사용한 쌓기나무의 개수를 구하시오.

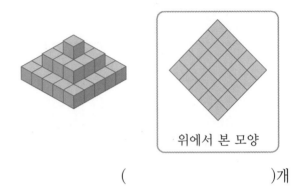

위에서 본 모양

(   )개

10 ㉠과 ㉡에 알맞은 수의 합을 구하시오.

$$㉠ \div \frac{1}{7} = 14, \quad ㉡ \div \frac{1}{3} = 12$$

(   )

11 계산 결과를 비교하여 더 큰 쪽의 몫을 쓰시오.

$43.2 \div 1.8$	$66.08 \div 2.36$

( )

13 ㉠과 ㉡의 합을 구하시오.

㉠ $21 \div \dfrac{7}{9}$ ㉡ $8\dfrac{2}{3} \div 1\dfrac{4}{9}$

( )

12 시후는 공책을 75권 가지고 있었습니다. 이 중에서 $\dfrac{1}{3}$을 형에게 주고 남은 공책은 시후와 동생이 3 : 2로 나누어 가졌습니다. 동생이 가진 공책은 몇 권입니까?

( )권

14 은주와 성우가 선생님께 받은 연필 수의 비는 8 : 3입니다. 은주가 성우보다 연필을 15자루 더 많이 받았다면 은주가 받은 연필은 몇 자루입니까?

( )자루

15 다음을 계산하면 ㉠은 ㉡의 몇 배입니까?

$$210 \div 8.4 = ㉠$$
$$0.21 \div 0.84 = ㉡$$

(   )배

16 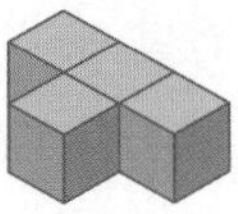 모양에 쌓기나무 1개를 더 붙여서 만들 수 있는 서로 다른 모양은 모두 몇 가지입니까?

(   )가지

17 ☐ 안에 들어갈 수 있는 자연수를 모두 더하면 얼마입니까?

$$38.61 \div 2.7 < ☐ < 58.65 \div 3.45$$

(   )

18 영철이는 문제집을 전체의 0.85만큼 풀었더니 24쪽이 남았습니다. 영철이가 풀고 있는 문제집의 전체 쪽수는 몇 쪽입니까?

(   )쪽

19 다음 나눗셈의 몫을 구할 때 몫의 소수 53째 자리 숫자와 소수 78째 자리 숫자의 차를 구하시오.

$$89.53 \div 7.4$$

(   )

20 가로와 세로의 비가 4 : 3인 직사각형 모양의 도화지가 있습니다. 이 도화지의 둘레가 84 cm라면 넓이는 몇 cm²입니까?

(   ) cm²

21 길이가 $6\frac{3}{4}$ km인 도로의 양쪽에 나무를 심으려고 합니다. 시작 지점부터 나무를 심기 시작하여 $\frac{3}{8}$ km의 간격으로 나무를 심는다면 모두 몇 그루의 나무가 필요합니까? (단, 나무의 두께는 생각하지 않습니다.)

(   )그루

22 경미네 학교 남학생과 여학생 수의 비는 4 : 3이었습니다. 그런데 남학생 몇 명이 전학을 가서 전체 학생 수는 1320명, 남학생과 여학생 수의 비는 6 : 5가 되었습니다. 전학을 간 남학생은 몇 명입니까?

(   )명

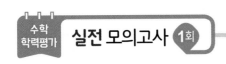

23 쌓기나무로 쌓은 모양을 위, 앞, 옆에서 본 모양입니다. 이 모양에 쌓기나무를 더 쌓아 가장 작은 정육면체를 만들려고 합니다. 쌓기나무는 몇 개 더 필요합니까?

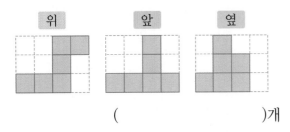

( )개

24 20일 만에 끝내야 하는 일이 있습니다. 이 일을 6명이 하루에 6시간씩 일을 하여 12일 동안 전체의 $\frac{1}{3}$을 끝냈습니다. 4명이 더 와서 모든 사람들이 매일 같은 시간만큼 일을 하여 남은 일을 기간 안에 끝내려고 합니다. 한 명이 하루에 몇 분씩 일을 하면 됩니까? (단, 모든 사람들이 같은 시간 동안 하는 일의 양은 모두 같습니다.)

( )분

25 쌓기나무로 쌓은 모양을 위, 앞, 옆에서 본 모양입니다. 다음과 같은 모양이 되도록 쌓기나무를 쌓는 방법은 모두 몇 가지입니까?

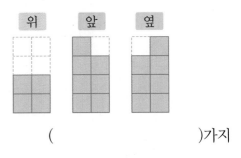

( )가지

실전 모의고사 2회

점수

1 다음 중 비례식이 <u>아닌</u> 것은 어느 것입니까?
.... (   )

① 4 : 7 = 8 : 14   ② 2 : 5 = 7 : 10

③ 3 : 2 = 27 : 18   ④ 9 : 6 = 18 : 12

⑤ 7 : 3 = 28 : 12

2 계산을 하시오.

$$4.8 \overline{)67.2}$$

(   )

3 주어진 모양과 똑같은 모양을 쌓는 데 필요한 쌓기나무의 개수를 구하시오.

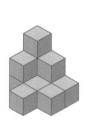

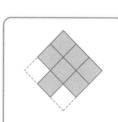

위에서 본 모양

(   )개

4 큰 수를 작은 수로 나눈 몫을 구하시오.

$$\frac{9}{17} \qquad \frac{3}{17}$$

(   )

5 ㉠에 알맞은 수는 어느 것입니까? (   )

$$81 \div \boxed{㉠} = 21.6$$

① 0.0375   ② 0.375

③ 375   ④ 3.75

⑤ 37.5

실전 모의 고사

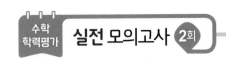

6 길이가 8 m인 끈을 $\frac{1}{4}$ m씩 자르면 몇 도막이 됩니까?

( )도막

7 비례식에서 □ 안에 알맞은 수를 구하시오.

$$5 : 4 = 25 : (\boxed{} + 2)$$

( )

8 영민이와 경현이가 쌓기나무로 쌓은 모양을 층별로 나타낸 모양입니다. 두 사람이 사용한 쌓기나무의 개수를 구하시오.

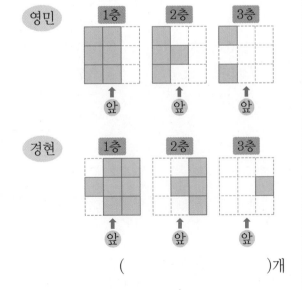

( )개

9 다음 중 몫이 가장 큰 것은 어느 것입니까?

⋯⋯⋯⋯⋯⋯⋯⋯⋯⋯⋯⋯⋯⋯⋯ ( )

① $22.4 \div 1.4$　　② $32.25 \div 2.15$
③ $64.01 \div 3.7$　　④ $49 \div 3.5$
⑤ $55.9 \div 4.3$

10 분리 실험을 위해 모래와 소금을 15 : 20으로 섞었습니다. 섞은 모래와 소금의 전체 양이 21 kg이라면 모래의 무게는 몇 kg입니까?

( )kg

11 쌓기나무로 쌓은 모양을 보고 위에서 본 모양에 수를 썼습니다. 쌓은 모양을 앞에서 보았을 때 보이는 쌓기나무는 몇 개입니까?

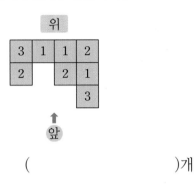

(   )개

12 삼각형의 밑변의 길이와 높이의 비가 4 : 3입니다. 삼각형의 밑변의 길이가 28 cm일 때 넓이는 몇 cm²입니까?

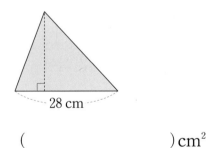

28 cm

(   ) cm²

13 □ 안에 들어갈 수 있는 자연수는 모두 몇 개입니까?

$$3\frac{3}{4} \div \frac{\square}{8} > 1\frac{2}{3} \div \frac{5}{24}$$

(   )개

14 다음 나눗셈의 몫을 구할 때 몫의 소수 27째 자리 숫자를 쓰시오.

$$49.78 \div 5.4$$

(   )

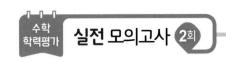

15 쌓기나무로 쌓은 모양과 위에서 본 모양입니다. 영서는 쌓기나무 9개를 가지고 있습니다. 주어진 모양과 똑같이 쌓으려면 쌓기나무는 몇 개 더 필요합니까?

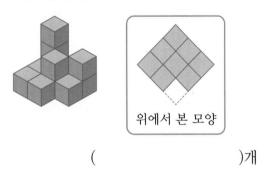

위에서 본 모양

( )개

16 주머니에 있는 구슬을 민호와 수지가 8 : 5로 나누어 가졌습니다. 민호가 가진 구슬이 56개일 때 처음 주머니에 있던 구슬은 몇 개입니까?

( )개

17 사다리꼴의 넓이가 16.8 cm²일 때 높이는 몇 cm입니까?

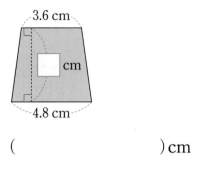

3.6 cm

cm

4.8 cm

( ) cm

18 밀가루가 가 통에는 $9\frac{1}{4}$ kg, 나 통에는 $5\frac{3}{5}$ kg 들어 있습니다. 가와 나 통에 들어 있는 밀가루를 남김없이 한 봉지에 $1\frac{5}{28}$ kg씩 모두 나누어 담으려면 봉지는 적어도 몇 개 필요합니까?

( )개

19 쌓기나무로 쌓은 모양을 보고 위에서 본 모양에 수를 썼습니다. 쌓은 모양의 바깥쪽 면에 페인트를 칠했다면 세 면이 색칠된 쌓기나무는 모두 몇 개입니까?

(단, 바닥에 닿는 면도 칠합니다.)

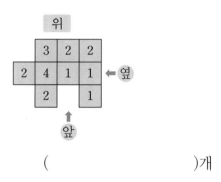

(   )개

20 같은 기호는 같은 수를 나타낼 때 ㉯에 알맞은 수는 얼마입니까?

$$㉮ \times \frac{5}{6} = 6\frac{1}{2}, \quad ㉯ = ㉮ \div \frac{13}{15}$$

(   )

21 쌓기나무로 쌓은 모양을 위, 앞, 옆에서 본 모양입니다. 쌓은 쌓기나무의 개수가 가장 많을 때와 가장 적을 때의 차는 몇 개입니까?

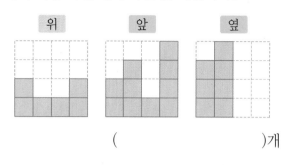

(   )개

22 어떤 수에 0.08을 곱하고 20.42를 더했더니 35.16이 되었습니다. 어떤 수를 65로 나눈 몫을 반올림하여 일의 자리까지 나타내시오.

(   )

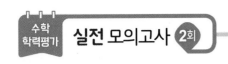
23 삼각형 ㄱㄷㅁ의 넓이는 72 cm²입니다. 선분 ㄹㅁ의 길이는 선분 ㄷㄹ의 길이의 3배이고, 선분 ㄱㅂ의 길이와 선분 ㅂㄹ의 길이가 같습니다. 삼각형 ㅂㄹㅁ의 넓이는 몇 cm²입니까?

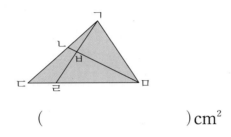

(   ) cm²

24 갑과 을이 각각 210만 원, 90만 원을 투자하여 이익금으로 50만 원을 얻었고 갑과 을은 투자한 금액의 비로 이익금을 나누어 가졌습니다. 갑과 을이 같은 비율로 다시 투자를 하여 을이 받은 이익금이 30만 원이었다면 갑이 다시 투자한 금액은 얼마입니까? (단, 투자한 금액에 대한 이익금의 비율은 일정합니다.)

(   )만 원

25 길이가 74.5 m인 기차가 한 시간에 122.4 km씩 달리고 있습니다. 이 기차가 같은 빠르기로 길이가 680 m인 터널을 완전히 통과하는 데 걸리는 시간은 몇 초인지 올림하여 일의 자리까지 나타내시오.

(   )초

1 분수의 나눗셈의 계산 과정입니다. 밑줄 잘못된 곳을 찾아 번호를 쓰시오.

$$1\frac{7}{8} \div 2\frac{1}{3} = \frac{15}{8} \div \frac{7}{3} = \frac{8}{15} \times \frac{3}{7}$$
$$\qquad\quad \vdots \qquad \vdots \qquad \vdots \qquad \vdots$$
$$\qquad\quad ① \qquad ② \qquad ③ \qquad ④$$

( )

2 계산을 하시오.

$$23.14 \div 1.78$$

( )

3 ☐ 안에 알맞은 수를 구하시오.

$$☐ \times \frac{11}{18} = 9\frac{1}{6}$$

( )

4 쌓기나무로 쌓은 모양을 층별로 나타낸 모양입니다. 똑같은 모양으로 쌓는 데 필요한 쌓기나무의 개수를 구하시오.

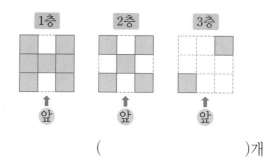

( )개

5 비를 가장 간단한 자연수의 비 ㉮ : ㉯로 나타내었을 때 ㉮＋㉯를 구하시오.

$$\frac{5}{6} : \frac{9}{10}$$

( )

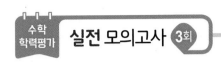

6 2÷0.25와 몫이 같은 나눗셈은 어느 것입니까? ·· (   )

① 2÷2.5

② 2÷25

③ 20÷25

④ 200÷25

⑤ 200÷2.5

7 케이크 한 개를 만드는 데 우유 $2\frac{3}{5}$ L가 필요합니다. 우유 $32\frac{1}{2}$ L로 케이크를 몇 개까지 만들 수 있습니까?

(   )개

8 오른쪽 그림은 쌓기나무로 쌓은 모양입니다. 앞에서 본 모양을 그렸을 때 색칠한 칸은 모두 몇 칸입니까?

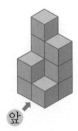

위에서 본 모양

앞

(   )칸

9 쌓기나무로 쌓은 모양을 보고 위에서 본 모양에 수를 썼습니다. 2층과 3층에 쌓은 쌓기나무는 모두 몇 개입니까?

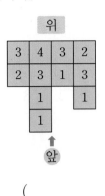

(   )개

10 몫이 진분수인 나눗셈은 모두 몇 개입니까?

$$\frac{2}{7} \div \frac{4}{9} \qquad 2\frac{2}{3} \div \frac{5}{6}$$

$$2\frac{1}{4} \div 2\frac{3}{7} \qquad 2\frac{4}{7} \div 1\frac{1}{8}$$

(   )개

11 삼각형 ㄱㄴㄷ의 넓이는 180 cm²이고 선분 ㄱㄹ과 선분 ㄹㄷ의 길이의 비는 7 : 3입니다. 삼각형 ㄱㄴㄹ의 넓이는 몇 cm²입니까?

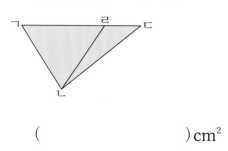

(   ) cm²

12 빨간색 물감과 노란색 물감을 5 : 4로 섞어서 주황색 물감 540 g을 만들었습니다. 빨간색 물감은 노란색 물감보다 몇 g 더 많이 사용했습니까?

(   ) g

13 그림과 같이 길이가 24 cm인 수수깡을 1.6 cm씩 모두 잘랐습니다. 수수깡을 자른 횟수는 몇 번입니까?

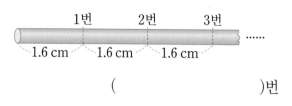

(   ) 번

14 쌓기나무로 쌓은 모양을 위, 앞, 옆에서 본 모양입니다. 똑같이 쌓는 데 필요한 쌓기나무의 개수를 구하시오.

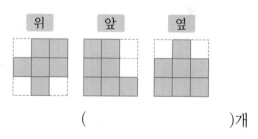

(   ) 개

15 다음과 같이 맞물려 돌아가는 두 톱니바퀴 ㉮와 ㉯가 있습니다. 톱니바퀴 ㉮의 톱니는 32개, 톱니바퀴 ㉯의 톱니는 20개입니다. 톱니바퀴 ㉯가 40바퀴 도는 동안 톱니바퀴 ㉮는 몇 바퀴 도는지 구하시오.

( )바퀴

16 수 카드 7장 중에서 6장을 골라 한 번씩만 사용하여 몫이 가장 큰 (소수 두 자리 수)÷(소수 두 자리 수)의 나눗셈식을 만들었을 때 그 몫을 구하시오.

| 4 | 7 | 1 | 0 | 3 | 5 | 9 |

( )

17 36분 동안 8 L의 물이 일정하게 나오는 수도가 있습니다. 이 수도에서 $1\frac{4}{5}$시간 동안 나오는 물의 양은 몇 L입니까?

( )L

18 사각형 ㉮와 원 ㉯가 다음과 같이 겹쳐져 있습니다. 겹쳐진 부분의 넓이는 ㉮의 $\frac{1}{8}$이고 ㉯의 $\frac{2}{5}$입니다. ㉮의 넓이가 96 cm²일 때 ㉯의 넓이는 몇 cm²입니까?

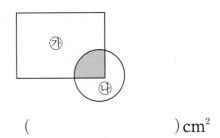

( ) cm²

19 주석이는 가로가 8 m, 세로가 $3\frac{3}{4}$ m인 직사각형 모양의 벽을 칠하는 데 $1\frac{1}{5}$ L의 페인트를 사용했습니다. 주석이가 7 L의 페인트로 칠할 수 있는 벽의 넓이는 몇 m²입니까?

(   ) m²

20 쌓기나무 12개로 쌓은 모양을 위, 앞, 옆에서 본 모양입니다. 쌓은 모양을 앞에서 볼 때 보이지 않는 쌓기나무는 모두 몇 개입니까?

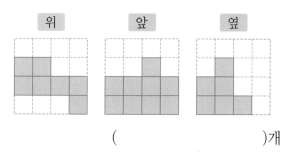

(   )개

21 어느 지역의 2차 소비자와 3차 소비자 수의 비는 8 : 3이었습니다. 얼마 후 3차 소비자가 2차 소비자 몇 마리를 먹어서 남은 2차 소비자는 329마리이고, 3차 소비자는 40마리가 늘어서 2차 소비자와 3차 소비자의 수의 비는 7 : 5가 되었습니다. 처음 2차 소비자는 몇 마리입니까?

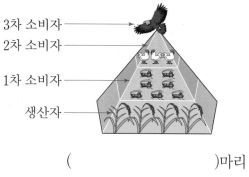

3차 소비자 ─────
2차 소비자 ─────
1차 소비자 ─────
생산자 ─────

(   )마리

22 다음 나눗셈의 몫을 반올림하여 소수 둘째 자리까지 나타내었더니 1.26이 되었습니다. □ 안에 들어갈 수 있는 0이 아닌 한 자리 수는 모두 몇 개입니까?

$$4.64\boxed{} \div 3.7$$

(   )개

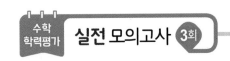

23 ▮조건▮에 모두 맞게 쌓기나무를 쌓으려고 합니다. 쌓을 수 있는 모양은 모두 몇 가지입니까?

▮ 조건 ▮

- 13개의 쌓기나무를 모두 사용하여 만듭니다.
- 4층까지 쌓습니다.
- 1층과 4층 모양은 다음과 같습니다.

1층　　　　　4층

↑　　　　　　↑
앞　　　　　　앞

(　　　　　　　)가지

24 연속하는 43개의 3의 배수가 있습니다. 그중에서 가장 작은 수와 가장 큰 수의 비가 5 : 12일 때 가장 작은 수와 가장 큰 수의 합을 구하시오.

(　　　　　　　)

25 길이가 25 m인 선분 ㄱㄴ 위에서 점 A, 점 B, 점 C가 일정한 빠르기로 움직이고 있습니다. 점 A는 점 B 방향으로 1분에 0.3 m씩, 점 B는 점 A 방향으로 1분에 0.2 m씩 움직입니다. 또, 점 C는 점 A와 점 B 사이에서 1분에 0.7 m씩 움직이는 데 점 B를 만나면 점 A 방향으로 방향을 바꾸어 움직이고, 점 A를 만나면 다시 점 B 방향으로 방향을 바꾸어 움직이는 방법으로 계속 움직입니다. 점 A, B, C가 동시에 움직이기 시작하여 세 점이 한 점에서 만날 때까지 점 C가 움직인 거리는 몇 m입니까?

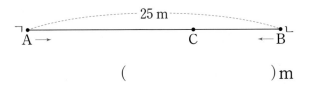

(　　　　　　　)m

실전 모의고사 회

점수

1 수직선을 보고 □ 안에 알맞은 수를 구하시오.

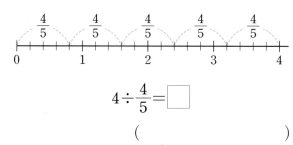

$$4 \div \frac{4}{5} = \boxed{}$$

( )

2 나눗셈을 하려고 합니다. 나누는 수 0.48을 48로 나타내면 나누어지는 수 8.16은 얼마로 나타내야 합니까?

$$0.48\overline{)8.16}$$

( )

3 계산을 하시오.

$$6\frac{1}{4} \div \frac{5}{8}$$

( )

4 주어진 모양과 똑같이 쌓는 데 필요한 쌓기나무의 개수를 구하시오.

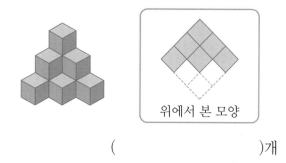

위에서 본 모양

( )개

5 □ 안에 알맞은 수를 구하시오.

$$54 \div 6 = 9$$
$$54 \div 0.6 = 90$$
$$54 \div 0.06 = \boxed{}$$

( )

실전 모의 고사

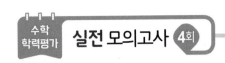

6 비례식에서 외항의 곱이 120일 때 ㉡은 얼마입니까?

$$㉠ : ㉡ = 5 : 8$$

( )

7 가장 큰 수를 가장 작은 수로 나눈 몫을 구하시오.

$$4\frac{2}{9} \quad 3\frac{7}{8} \quad 1\frac{1}{18}$$

( )

8 넓이가 $18\frac{3}{4}$ cm²이고 밑변의 길이가 $3\frac{1}{8}$ cm인 평행사변형이 있습니다. 이 평행사변형의 높이는 몇 cm입니까?

( )cm

9 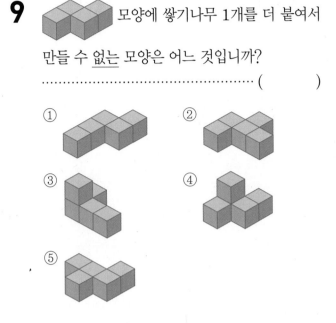 모양에 쌓기나무 1개를 더 붙여서 만들 수 <u>없는</u> 모양은 어느 것입니까?

······················· ( )

10 20 : 25와 비율이 같고, 전항이 10보다 작은 자연수인 비는 모두 몇 개입니까?

( )개

11 ㉠과 ㉡에 알맞은 수의 합을 구하시오.

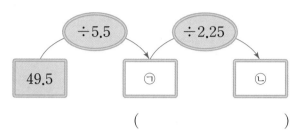

(   )

12 연필을 연우와 은재가 4 : 5로 나누어 가졌더니 연우가 가진 연필은 20자루였습니다. 처음에 있던 연필은 몇 자루입니까?

(   )자루

13 다음 경상북도 경주에 있는 불국사의 다보탑과 석가탑의 높이입니다. 다보탑의 높이는 석가탑의 높이의 $\frac{㉡}{㉠}$배라고 할 때, ㉠－㉡을 구하시오.

(단, $\frac{㉡}{㉠}$은 기약분수입니다.)

▲ 다보탑: $10\frac{29}{100}$ m   ▲ 석가탑: $10\frac{3}{4}$ m

(   )

14 나눗셈의 몫을 반올림하여 소수 첫째 자리까지 나타낸 몫과 반올림하여 소수 둘째 자리까지 나타낸 몫의 차를 구하시오.

$$81.9 \div 32.8$$

(   )

15 쌓기나무로 쌓은 모양을 보고 위에서 본 모양에 수를 썼습니다. 완성된 모양을 앞에서 보았을 때 보이지 않는 쌓기나무는 모두 몇 개입니까?

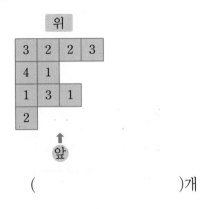

위

3	2	2	3
4	1		
1	3	1	
2			

↑
앞

(   )개

16 미연이는 높이가 0.37 m인 의자에 올라가 바닥에서부터 키를 재어 보았더니 1.83 m였습니다. 미연이의 키는 의자의 높이의 몇 배인지 반올림하여 소수 첫째 자리까지 나타내었을 때 소수 첫째 자리 숫자를 쓰시오.

(   )

17 오른쪽은 쌓기나무 9개로 쌓은 모양입니다. 위, 앞, 옆에서 본 모양을 각각 그릴 때 색칠한 칸은 모두 몇 칸입니까? (단, 쌓기나무는 적어도 한 면이 맞닿아 있어야 합니다.)

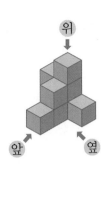

위   앞   옆

(   )칸

18 어떤 분수를 15로 나누어야 할 것을 잘못하여 곱하였더니 $41\frac{2}{3}$가 되었습니다. 바르게 계산한 값을 기약분수로 나타내었을 때 기약분수의 분모와 분자의 합을 구하시오.

(   )

19 쌓기나무로 쌓은 모양을 위, 앞, 옆에서 본 모양입니다. 쌓은 쌓기나무의 개수가 가장 많을 때와 가장 적을 때의 합을 구하시오.

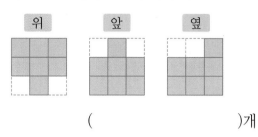

(   )개

20 책꽂이에 과학책과 위인전이 6 : 5의 비로 꽂혀 있습니다. 이 중에서 위인전의 $\frac{1}{5}$인 32권이 외국 위인의 위인전이라면 책꽂이에 꽂혀 있는 책은 모두 몇 권입니까?

(   )권

21 일정한 빠르기로 달리는 기차가 있습니다. 이 기차가 길이가 1300 m인 터널을 완전히 통과하는 데 34초가 걸렸고, 길이가 850 m인 다리를 완전히 통과하는 데는 24초가 걸렸습니다. 이 기차의 길이는 몇 m입니까?

(   ) m

22 여섯 방향에서 본 모양이 모두 오른쪽과 같게 분홍색 쌓기나무와 하늘색 쌓기나무를 사용하여 정육면체를 만들었습니다. 분홍색 쌓기나무를 될 수 있는 대로 많이 사용했다면 사용한 분홍색 쌓기나무와 하늘색 쌓기나무 개수의 차를 구하시오.

(   )개

23 현수와 민호는 각각 285 kg의 짐을 옮기려고 합니다. 현수는 30초에 750 g의 짐을 옮길 수 있고, 민호는 3시간에 273.6 kg의 짐을 옮길 수 있다고 합니다. 현수가 민호보다 10분 먼저 짐을 옮기기 시작한다면 현수는 민호보다 몇 초 더 빨리 짐을 모두 옮길 수 있습니까?

( )초

24 ㉮, ㉯, ㉰ 세 마을의 사과 생산량의 합은 2400 t입니다. ㉮ 마을의 사과 생산량은 세 마을의 전체 사과 생산량의 35 %이고, ㉯ 마을의 사과 생산량의 $\frac{1}{4}$과 ㉰ 마을의 사과 생산량의 $\frac{2}{7}$는 같습니다. ㉮, ㉯, ㉰ 세 마을 중 사과 생산량이 가장 적은 마을의 사과 생산량은 몇 t입니까?

( )t

25 쌓기나무 31개로 오른쪽과 같은 모양을 만들었습니다. 이 중에서 빗금 친 쌓기나무 9개를 뺀 모양을 위, 앞, 옆에서 본 모양을 그렸을 때 색칠한 칸은 모두 몇 칸입니까?

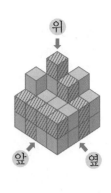

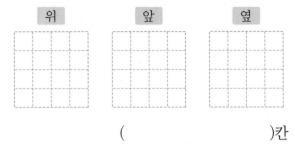

( )칸

최종 모의고사

점수

1 비례식을 보고 내항의 곱을 구하시오.

$$5 : 4 = 30 : 24$$

(   )

2 다음 중 $\dfrac{20}{7} \div \dfrac{5}{7}$ 와 계산 결과가 같은 것은 어느 것입니까? ·························· (   )

① $\dfrac{20}{7} \div \dfrac{7}{5}$ ② $\dfrac{7}{20} \times \dfrac{5}{7}$ ③ $5 \div 20$

④ $20 \div 5$ ⑤ $\dfrac{20}{7} \times \dfrac{5}{7}$

3 계산을 하시오.

$$3\dfrac{1}{9} \div \dfrac{7}{18}$$

(   )

4 다음 나눗셈은 몫을 자연수 부분까지 구한 것입니다. 몫과 나머지의 곱을 구하시오.

```
          4 2
  1.6 ) 6 7.7
         6 4
         3 7
         3 2
            5
```

(   )

5 다음은 쌓기나무로 쌓은 모양을 위에서 본 모양에 수를 쓰는 방법으로 나타낸 것입니다. 1층에 쌓인 쌓기나무는 모두 몇 개입니까?

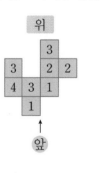

(   )개

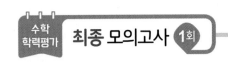

6 □ 안에 알맞은 수를 구하시오.

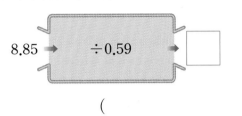

8.85 ➡ ÷0.59 ➡ □

( )

7 구슬 630개를 현준이와 지은이가 5 : 9로 나누어 가졌습니다. 현준이가 가진 구슬은 몇 개입니까?

( )개

8 주어진 모양과 똑같이 쌓는 데 필요한 쌓기나무의 개수를 구하시오.

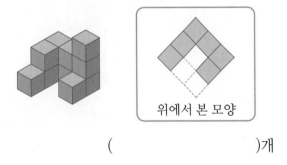

위에서 본 모양

( )개

9 민영이네 반 남학생 수와 여학생 수의 비가 4 : 3입니다. 여학생이 15명일 때 남학생은 몇 명입니까?

( )명

10 □ 안에 들어갈 수 있는 자연수 중 가장 큰 수를 구하시오.

$$□ < 6\frac{2}{5} \div \frac{4}{15}$$

( )

11 감자 12.4 kg을 한 상자에 1.5 kg씩 담아 판매하려고 합니다. 감자를 몇 상자까지 판매할 수 있습니까?

( )상자

12 쌓기나무 20개로 쌓은 모양에서 몇 개를 빼냈더니 다음과 같은 모양이 되었습니다. 빼낸 쌓기나무는 몇 개입니까?

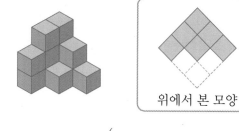

위에서 본 모양

( )개

13 7을 3으로 나눈 몫을 반올림하여 일의 자리까지 나타내시오.

( )

14 □ 안에 알맞은 수를 구하시오.

$$\square \times 1\frac{1}{4} \times \frac{9}{25} = 4\frac{1}{2}$$

( )

15 모양에 면과 면이 만나도록 쌓기나무 1개를 더 붙여서 만들 수 있는 모양은 모두 몇 가지입니까? (단, 뒤집거나 돌려서 모양이 같으면 같은 모양입니다.)

( )가지

16 악보에서 $\frac{3}{4}$박자는 한 마디에 3박자가 되어야 합니다. ♪.(점 8분음표)는 0.75박자입니다. ♪.로 3박자를 만들려면 ♪.가 몇 개 있어야 합니까? (단, $\frac{3}{4}$박자에서 위의 숫자3은 마디당 3박자이고, 아래 숫자 4는 한 박자가 ♩(4분음표)입니다.)

첫째 마디   둘째 마디

( )개

17 나눗셈의 몫을 반올림하여 소수 40째 자리까지 나타내었을 때 소수 40째 자리 숫자를 쓰시오.

$$5.4 \div 3.96$$

( )

18 상품 ㉮를 원래 가격에서 35 %만큼 할인하여 판매한 금액과 상품 ㉯를 원래 가격에서 $\frac{1}{5}$만큼 할인하여 판매한 금액이 같았습니다. 상품 ㉮와 ㉯의 원래 가격의 비를 가장 간단한 자연수의 비로 나타내면 ㉠ : ㉡이라고 합니다. ㉠×㉡을 구하시오.

( )

19 세 수 ㉠, ㉡, ㉢의 관계가 다음과 같을 때, ㉠을 ㉢으로 나눈 몫을 구하시오.

> • ㉠을 ㉡으로 나눈 몫은 $\dfrac{3}{4}$입니다.
>
> • ㉢을 ㉡으로 나눈 몫은 $\dfrac{1}{12}$입니다.

(   )

20 위, 앞, 옆(오른쪽)에서 본 모양이 모두 오른쪽과 같도록 쌓기나무를 쌓으려고 합니다. 쌓은 쌓기나무가 가장 적은 경우에 필요한 쌓기나무는 몇 개입니까?

(   )개

21 다음 그림에서 선분 ㄱㄴ을 2 : 3으로 나눈 점이 점 ㄷ, 선분 ㄱㄴ을 4 : 11로 나눈 점이 점 ㄹ입니다. 선분 ㄹㄷ의 길이가 8 cm라면 선분 ㄱㄴ의 길이는 몇 cm입니까?

ㄱ   ㄹ   ㄷ   ㄴ

(   ) cm

22 정육면체 모양의 쌓기나무 216개로 정육면체 모양을 만든 다음 모든 바깥쪽 면에 물감을 칠했습니다. 쌓기나무를 하나씩 모두 떼어 놓았을 때 두 면에 물감이 칠해진 쌓기나무는 모두 몇 개입니까?

(단, 바닥에 닿는 면도 색칠합니다.)

(   )개

23 떨어뜨린 높이의 0.6만큼 튀어 오르는 공이 있습니다. 그림과 같이 공을 떨어뜨렸을 때 공은 바닥에 세 번 닿고 계단 위로 튀어 올라 갔습니다. 세 번째 튀어 오른 높이는 계단보다 25.36 cm 높았을 때 처음 공을 떨어뜨린 높이는 몇 cm입니까?

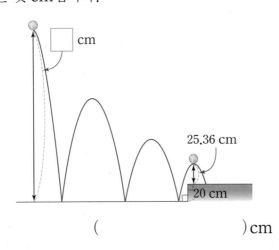

( ) cm

24 밀로의 비너스 조각상은 배꼽을 기준으로 상반신과 하반신의 비, 상반신에서 목을 기준으로 머리 부분과 그 아래 배꼽까지의 비, 하반신에서 무릎을 기준으로 무릎 아래에서 발까지와 무릎 위 배꼽까지의 비가 모두 1 : 1.6을 이루고 있습니다. 비너스 조각상의 배꼽에서 무릎까지의 길이가 76.8 cm라면 이 조각상의 머리 부분의 길이는 몇 cm입니까?

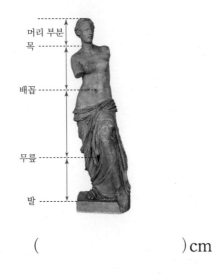

( ) cm

25 오른쪽은 쌓기나무를 쌓아 만든 모양입니다. 쌓기나무를 최대 몇 개까지 빼내어도 위, 앞, 옆에서 본 모양이 변하지 않겠습니까? (단, 위에서 보면 10개가 보입니다.)

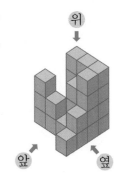

( ) 개

최종 모의고사 2회

점수

1 다음 비에서 전항을 찾아 쓰시오.

7 : 16

(   )

2 □ 안에 알맞은 수를 구하시오.

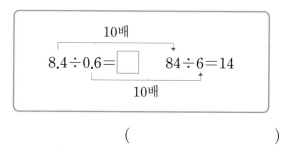

(   )

3 오른쪽은 쌓기나무로 쌓은 모양을 위에서 본 모양에 수를 쓰는 방법으로 나타낸 것입니다. 2층에 쌓인 쌓기나무는 모두 몇 개입니까?

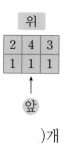

(   )개

4 자연수를 진분수로 나눈 몫을 구하시오.

$\dfrac{3}{17}$ 51

(   )

5 비례식에서 ●에 알맞은 수를 구하시오.

● : 15 = 9 : 5

(   )

최종 모의 고사

6 미진이는 서로 다른 두 가지 색 물감을 섞어서 혼합색을 만들려고 합니다. 노란색 물감과 초록색 물감을 4 : 3으로 섞어서 연두색 14 g을 만들었습니다. 미진이가 사용한 노란색 물감은 몇 g입니까?

( )g

7 쌓기나무 8개로 쌓은 오른쪽과 같은 모양을 위에서 본 모양은 어느 것입니까? ………… ( )

①

②

③

④

⑤

8 쌀의 무게는 콩의 무게의 몇 배입니까?

쌀: 16.87 kg   콩: 2.41 kg

( )배

9 길이가 $3\frac{1}{9}$ m인 끈을 $\frac{2}{9}$ m씩 잘라 리본을 만들려고 합니다. 리본을 몇 개까지 만들 수 있습니까?

( )개

10 한 개의 무게가 3.8 kg이고 무게가 똑같은 상자가 여러 개 쌓여 있습니다. 상자 전체의 무게를 재어 보니 133 kg이었다면 상자는 모두 몇 개 쌓여 있습니까?

( )개

11 □ 안에 들어갈 수 있는 자연수 중 가장 작은 수를 구하시오.

$$155.84 \div 48.7 < \square$$

( )

12 직사각형 안에 각 변의 한가운데를 이어 그린 것입니다. 색칠한 부분의 넓이가 $3\frac{3}{4}$ cm²일 때 직사각형의 전체 넓이는 몇 cm²입니까?

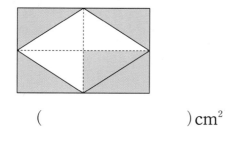

( ) cm²

13 위, 앞에서 본 모양이 각각 다음과 같도록 쌓기나무를 쌓으려고 합니다. 쌓은 쌓기나무가 가장 많은 경우에 필요한 쌓기나무는 몇 개입니까?

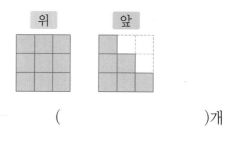

( )개

14 넓이가 22.56 cm²로 같은 두 직사각형 가와 나가 있습니다. 직사각형 가와 나의 가로의 차는 몇 cm입니까?

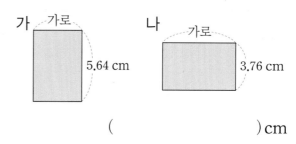

( ) cm

15 모양에 면과 면이 만나도록 쌓기나무 1개를 더 붙여서 만들 수 있는 모양은 모두 몇 가지입니까? (단, 뒤집거나 돌려서 모양이 같으면 같은 모양입니다.)

( )가지

16 $\dfrac{\blacktriangle}{\blacksquare}=\blacktriangle \div \blacksquare$ 임을 이용하여 다음을 계산하시오.

$$\frac{9\frac{3}{4}}{1\frac{1}{12}}$$

( )

17 정육면체 모양의 쌓기나무 512개로 정육면체를 만든 후, 정육면체 모양의 바깥쪽 면을 파란색으로 칠했습니다. 적어도 한 개 이상의 면에 파란색이 칠해진 쌓기나무는 모두 몇 개입니까? (단, 바닥에 닿는 면도 색칠합니다.)

( )개

18 유진이네 학교 남학생과 여학생 수의 비는 23 : 16이었습니다. 그런데 남학생 몇 명이 전학을 와서 남학생과 여학생 수의 비가 19 : 13이 되었고, 남학생이 여학생보다 192명 더 많게 되었습니다. 전학 온 남학생은 몇 명입니까?

( )명

19 가◎나=가÷(가−나)일 때, 다음을 계산하여 기약분수로 나타내면 ■$\dfrac{\blacktriangle}{\bullet}$입니다. ■＋●＋▲는 얼마입니까?

$$2\dfrac{2}{9} ◎ 1\dfrac{7}{8}$$

(   )

20 그림과 같이 직사각형 ㄱㄴㄷㄹ을 ㉮와 ㉯로 나누었습니다. ㉮와 ㉯의 넓이의 비가 5 : 7일 때 선분 ㄴㅁ의 길이는 몇 cm입니까?

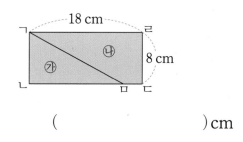

(   ) cm

21 세 수 가, 나, 다가 있습니다. 가는 나의 $\dfrac{1}{10}$이고, 다는 가의 $\dfrac{1}{4}$입니다. 다가 $1\dfrac{4}{5}$일 때 나는 얼마입니까?

(   )

22 바닥이 평평한 수조에 물을 넣고 막대 ㉮와 ㉯를 수직으로 세웠더니 막대 ㉮는 전체의 $\dfrac{4}{5}$만큼, 막대 ㉯는 전체의 $\dfrac{7}{10}$만큼이 물에 잠겼습니다. 두 막대의 길이의 차가 5 cm라면 수조에 담긴 물의 깊이는 몇 cm입니까? (단, 막대를 넣었을 때 올라오는 물의 높이는 생각하지 않습니다.)

(   ) cm

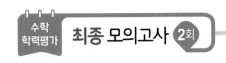
23 한 모서리의 길이가 2 cm인 정육면체 모양의 쌓기나무 24개를 쌓아서 만든 모양을 위, 앞, 옆(오른쪽)에서 본 모양입니다. 만든 모양의 겉넓이는 몇 cm²입니까?

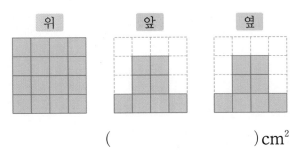

(   ) cm²

24 나눗셈의 몫을 반올림하여 소수 첫째 자리까지 나타내면 2.8입니다. 1부터 9까지의 수 중에서 □ 안에 들어갈 수 있는 수는 모두 몇 개입니까?

$$10.5\square \div 3.7$$

(   )개

25 그림은 벽의 모서리에 쌓기나무를 빈 공간이 없게 쌓아 올린 것입니다. 같은 방법으로 15층까지 쌓기나무를 쌓고, 바깥쪽을 모두 노란색으로 색칠하였을 때 2개의 면이 노란색으로 칠해진 쌓기나무는 모두 몇 개입니까? (단, 벽과 바닥에 붙은 면은 색칠하지 않습니다.)

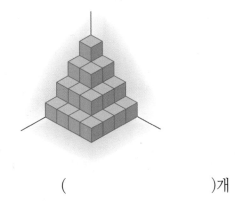

(   )개

최종 모의고사 3회

점수

교재 뒤에 부록으로 있는 OMR 카드와 같이 활용하여 실제 HME 시험에 대비하세요.

1 ☐ 안에 알맞은 수를 구하시오.

$$\frac{6}{7} \div \frac{3}{7} = 6 \div \boxed{}$$

( )

2 비의 성질을 이용하여 주어진 비와 비율이 같은 비를 구하려고 합니다. ☐ 안에 알맞은 수를 구하시오.

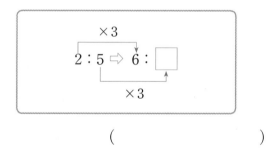

×3
2 : 5 ⇨ 6 : ☐
×3

( )

3 쌓기나무로 쌓은 모양을 보고 위에서 본 모양을 그린 것입니다. ③번과 ④번 자리에 쌓여 있는 쌓기나무의 개수의 합을 구하시오.

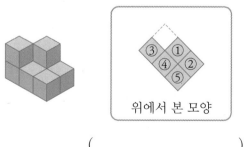

위에서 본 모양

( )개

4 계산을 하시오.

$$6.3 \div 0.7$$

( )

5 빈칸에 알맞은 수를 구하시오.

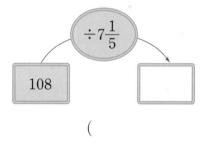

$$\div 7\frac{1}{5}$$

108

( )

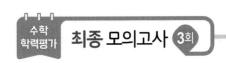

6 사탕 48개를 유경이와 소현이가 7 : 5로 나누어 가졌습니다. 유경이가 가진 사탕은 몇 개입니까?

( )개

7 다음과 같이 세로가 8.4 cm, 넓이가 50.4 cm² 인 직사각형이 있습니다. 이 직사각형의 가로는 몇 cm입니까?

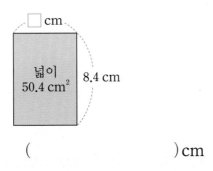

( ) cm

8 가장 큰 분수를 가장 작은 분수로 나눈 몫은 $\frac{1}{7}$의 몇 배입니까?

$$6\frac{2}{3} \quad 3\frac{1}{9} \quad 5\frac{4}{5}$$

( )배

9 몫의 소수 10째 자리 숫자를 구하시오.

$$4 \div 1.35$$

( )

10 현규는 위, 앞, 옆(오른쪽)에서 본 모양이 모두 오른쪽과 같도록 쌓기나무를 쌓으려고 합니다. 쌓는 쌓기나무가 가장 적은 경우에 필요한 쌓기나무는 몇 개입니까?

( )개

11 클립 126개를 형과 동생이 5 : 4로 나누어 가졌어야 하는데 잘못 나누어 동생이 60개를 가졌습니다. 동생은 형에게 몇 개의 클립을 되돌려 주어야 합니까?

(   )개

12 직사각형의 가로와 세로의 비는 5 : 4입니다. 이 직사각형의 둘레가 108 cm라면 세로는 몇 cm입니까?

(   ) cm

13 다음과 같이 쌓기나무로 쌓은 모양에 쌓기나무를 더 쌓아서 가장 작은 정육면체를 만들려고 합니다. 더 필요한 쌓기나무는 몇 개입니까?

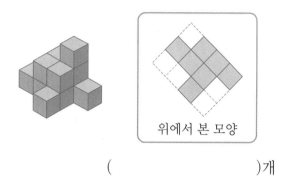

위에서 본 모양

(   )개

14 $\frac{7}{12}$을 어떤 수로 나누었더니 $2\frac{4}{5}$가 되었습니다. 어떤 수는 $\frac{1}{24}$이 몇 개인 수입니까?

(   )개

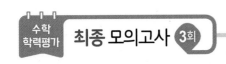

15 그리스의 수학자 탈레스는 피라미드의 높이를 물체의 길이에 대한 그림자의 길이의 비율이 일정하다는 것을 이용해 구할 수 있었습니다. 피라미드의 그림자의 길이가 370 m이고 막대의 길이와 그림자의 길이가 다음과 같을 때 피라미드의 높이는 몇 m입니까?

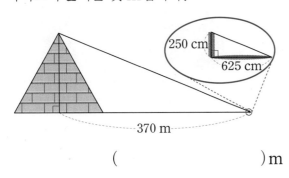

(   ) m

16 1분에 15.2 L씩 뜨거운 물이 나오는 수도꼭지와 1분에 17.9 L씩 찬물이 나오는 수도꼭지가 있습니다. 뜨거운 물이 나오는 수도꼭지를 5분 동안 틀고 잠근 다음 찬물이 나오는 수도꼭지를 몇 분 동안 틀어서 129.7 L의 물을 받았습니다. 찬물을 받는 데 걸린 시간은 몇 분입니까?

(   )분

17 어떤 수를 $\frac{3}{5}$으로 나누어야 할 것을 잘못하여 곱했더니 $3\frac{6}{25}$이 되었습니다. 바르게 계산하면 얼마입니까?

(   )

18 그림은 직사각형 ㄱㄴㄷㄹ을 ㉮, ㉯ 두 부분으로 나눈 것입니다. ㉮와 ㉯의 넓이의 비가 5 : 8이라면 선분 ㄴㅁ의 길이는 몇 cm입니까?

(   ) cm

19 위와 옆(오른쪽)에서 본 모양을 보고 쌓기나무를 쌓으려고 합니다. 모두 몇 가지 모양으로 쌓을 수 있습니까?

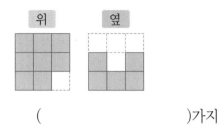

(   )가지

20 그림과 같이 원 ㉮와 ㉯가 겹쳐져 있습니다. 겹쳐진 부분의 넓이는 원 ㉮의 넓이의 $\frac{2}{3}$이고, 원 ㉯의 넓이의 $\frac{3}{5}$입니다. 원 ㉮의 넓이가 $54\,cm^2$라면 원 ㉯의 넓이는 몇 cm^2입니까?

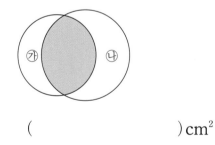

(   )cm^2

21 40일 만에 끝내야 하는 일을 10명이 매일 5시간씩 일하였더니 25일 동안 전체 일의 $\frac{5}{14}$를 마쳤습니다. 일하는 사람을 5명 더 늘려 나머지 기간 동안 일을 모두 마치려면 하루에 몇 시간씩 일해야 합니까? (단, 모든 사람이 하는 일의 양은 같고 일정합니다.)

(   )시간

22 리하가 위인전을 어제부터 읽기 시작하여 어제는 전체의 $\frac{1}{7}$을 읽었고, 오늘은 나머지의 $\frac{5}{6}$를 읽었습니다. 오늘까지 읽고 남은 부분이 22쪽이라면 이 위인전의 전체 쪽수는 몇 쪽입니까?

(   )쪽

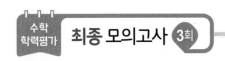
23 사다리꼴 모양의 밭에 상추와 고구마를 심었습니다. 상추와 고구마를 심은 밭의 넓이의 비가 $1\frac{1}{5}$: 0.6일 때, 고구마를 심은 밭의 넓이는 몇 m²입니까? (단, 아무것도 심지 않은 부분은 없습니다.)

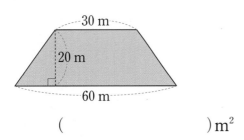

(   ) m²

24 그림과 같이 한 변의 길이가 0.8 m인 정사각형 모양의 철판에서 평행사변형 모양을 잘라 내어 평행사변형 모양 철판의 무게를 재어 보니 68.58 kg이었습니다. 똑같은 철판 50 cm²의 무게가 0.6 kg일 때 평행사변형 모양을 잘라 내고 남은 철판의 넓이는 몇 cm²입니까?

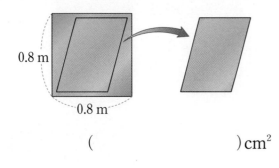

(   ) cm²

25 리하와 하윤이는 걸었고, 주아는 달렸습니다. 세 사람은 동시에 같은 방향으로 출발하였고, 하윤이는 리하와 주아보다 84 m 앞선 지점에서 걷기 시작하였습니다. 리하는 1125 m를 걷는 데 45분 걸렸고, 주아는 975 m를 달리는 데 13분 걸렸습니다. 리하가 출발점에서 210 m 떨어진 지점에서 하윤이와 만났다면 주아는 출발점에서 몇 m 떨어진 지점에서 하윤이와 만났습니까? (단, 세 사람은 각각 일정한 빠르기로 계속 걷거나 달립니다.)

(   ) m

최종 모의고사 4회

점수

1 ㉠에 알맞은 수를 구하시오.

$\dfrac{9}{17}$는 $\dfrac{1}{17}$이 ▢개, $\dfrac{3}{17}$은 $\dfrac{1}{17}$이 ▢개입니다. 따라서 $\dfrac{9}{17} \div \dfrac{3}{17} = ▢ \div ▢ = ㉠$ 입니다.

( )

2 주어진 모양과 똑같이 쌓는 데 필요한 쌓기나무의 개수를 구하시오.

위에서 본 모양

( )개

3 계산을 하시오.

$55 \div 2.2$

( )

4 빈칸에 알맞은 수를 써넣으시오.

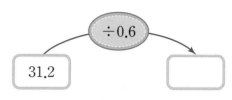

31.2 ÷0.6 ▢

5 계산 결과가 가장 큰 것은 어느 것입니까?

.... ( )

① $52.92 \div 0.2$ ② $52.92 \div 7.2$
③ $52.92 \div 3.6$ ④ $52.92 \div 4.8$
⑤ $52.92 \div 1.2$

6 $3\dfrac{1}{8} \div \dfrac{5}{24}$ 의 몫을 구하시오.

( )

7 □ 안에 알맞은 수를 구하시오.

$$□ \times \dfrac{7}{16} = 35$$

( )

8 몫의 소수 17째 자리 숫자를 구하시오.

$$21 \div 3.6$$

( )

9 쌓기나무로 쌓은 모양을 위, 앞, 옆(오른쪽)에서 본 모양입니다. 똑같은 모양으로 쌓는 데 필요한 쌓기나무는 몇 개입니까?

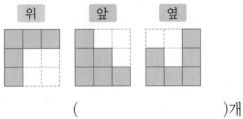

위　　　앞　　　옆

( )개

10 □ 안에 들어갈 수 있는 자연수는 모두 몇 개입니까?

$$1\dfrac{5}{9} \div \dfrac{3}{4} > □$$

( )개

11 태균이네 반 남학생 수에 대한 여학생 수의 비가 5 : 8입니다. 남학생이 16명일 때 여학생은 몇 명입니까?

(   )명

12 쌓기나무로 쌓은 모양을 층별로 나타낸 모양입니다. 똑같은 모양으로 쌓는 데 필요한 쌓기나무는 몇 개인지 구하시오.

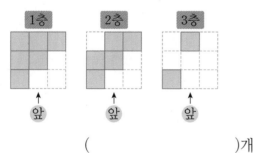

(   )개

13 다음 중 비례식을 만들기 위해 □ 안에 알맞은 비는 어느 것입니까? ·················· (   )

$$13 : 8 = \boxed{}$$

① 39 : 25   ② 26 : 16

③ 26 : 21   ④ 12 : 7

⑤ 25 : 8

14 높이와 밑변의 길이의 비가 5 : 9인 평행사변형이 있습니다. 이 평행사변형의 높이가 25 cm일 때 밑변의 길이는 몇 cm인지 구하시오.

(   )cm

15 가장 간단한 자연수의 비로 나타내었을 때 ⓒ
의 값을 구하시오.

$$3.2 : 1\frac{5}{6} = ⓐ : ⓒ$$

( )

16 케이크 한 개를 만드는 데 밀가루 $\frac{5}{7}$ kg이 필
요합니다. 밀가루 35 kg으로 만들 수 있는 케
이크는 몇 개입니까?

( )개

17 선물 상자 한 개를 포장하는 데 색 테이프가
0.84 m 필요합니다. 색 테이프 21.84 m로 똑
같은 선물 상자를 몇 개 포장할 수 있습니까?

( )개

18 재경이는 쌓기나무를 15개 가지고 있습니다.
다음과 같은 모양을 만드는 데 더 필요한 쌓기
나무는 몇 개인지 구하시오.

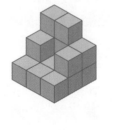 

위에서 본 모양

( )개

19 다음 삼각형은 넓이가 $13\frac{1}{3}$ cm²이고 밑변의 길이가 $6\frac{2}{3}$ cm입니다. 이 삼각형의 높이는 몇 cm인지 구하시오.

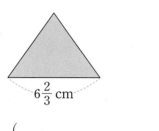

$6\frac{2}{3}$ cm

(   )cm

20 5분 동안 9 km를 달리는 자동차가 있습니다. 같은 빠르기로 144 km를 가려면 몇 분이 걸리겠습니까?

(   )분

21 4700원짜리 아이스크림을 사기 위해 지우와 형이 2 : 3으로 돈을 나누어 낸다면 형은 지우보다 얼마를 더 많이 내야 합니까?

(   )원

22 맞물려 돌아가는 두 톱니바퀴가 있습니다. 가의 톱니 수는 24개이고 나의 톱니 수는 40개입니다. 가가 45번 돌 때 나는 몇 번 도는지 구하시오.

(   )번

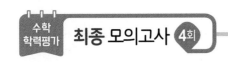
23 쌓기나무로 쌓은 모양을 위, 앞, 옆(오른쪽)에서 본 모양입니다. 쌓기나무를 가장 적게 사용한 경우에 사용한 쌓기나무는 모두 몇 개인지 구하시오.

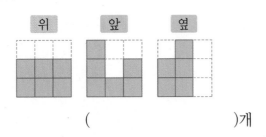

( )개

24 [A]를 A의 각 자리 숫자의 합으로 약속합니다. 예를 들면

[27.81]=2+7+8+1=18이고,

[9.05]=9+0+5=14입니다.

다음을 계산하시오.

[[8.97÷2.6]×[43.05÷5.74]]

( )

25 길이가 15 m인 선분 ㄱㄴ 위에서 점 ㄱ, 점 ㄴ, 점 ㄷ이 일정한 빠르기로 움직이고 있습니다. 점 ㄱ은 점 ㄴ 방향으로 1분에 0.2 m씩, 점 ㄴ은 점 ㄱ 방향으로 1분에 0.3 m씩 움직입니다. 또, 점 ㄷ은 점 ㄱ과 점 ㄴ 사이에서 1분에 0.8 m씩 움직이는데, 점 ㄴ을 만나면 점 ㄱ 방향으로 방향을 바꾸어 움직이고, 점 ㄱ을 만나면 다시 점 ㄴ 방향으로 방향을 바꾸어 움직이는 방법으로 계속 움직입니다. 점 ㄱ, ㄴ, ㄷ이 동시에 움직이기 시작하여 세 점이 한 점에서 만날 때까지 점 ㄷ이 움직인 거리는 몇 m입니까?

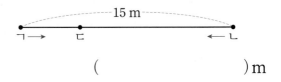

( )m

최종 모의고사 ①회

학 교 명 :
성 명 :
현재 학년 : 학년   반 :

OMR 카드 작성시 유의사항

1. 학교명, 성명, 학년, 반 수험번호, 생년월일, 성별 기재
2. 반드시 펜 안에 "와 같이 마킹 해야 합니다.
3. OMR카드에 답안 이외에 낙서 등 손상이 있는 경우 즉시 감독관에게 문의하시기 바랍니다.
4. 답을 작성하고 마킹을 하지 않는 경우 오답으로 간주합니다.
5. 답안은 작성 후 반드시 감독관에게 제출해야 합니다.
   제출하지 않아 발생하는 사고에 대해서는 책임지지 않습니다.

※ OMR카드를 잘못 작성하여 발생한 성적결과는 책임지지 않습니다.

※ OMR 카드 작성 예시 ※

(맞는 경우)
1) 주관식 또는 세분화식 답이 3인 경우
1번

(틀린 경우)
1) 답이 120일 때, 2) 마킹을 하지 않은 경우 3) 마킹을 일부만 한 경우
1번

※ 실제 HME 해법수학 학력평가의 OMR 카드와 같습니다.

1번 2번 3번 4번 5번 6번 7번 8번 9번 10번 11번 12번 13번

14번 15번 16번 17번 18번 19번 20번 21번 22번 23번 24번 25번

수 험 번 호

※ (1)번 란에는 아래번이 숫자를 쓰고, (2)번란에는 해당란에 까맣게 표기해야 합니다.

감 독 확 인 란

성 별
남 ○   여 ○

생 년 월 일

(예시) 2009년 3월 2일생인 경우, (1)번란
년, 월, 일 란 빈칸에 09 03 02 를 쓰고,
(2)란에는 까맣게 표기해야 합니다.

최종 모의고사 ❷회

학교명:
성 명:
현재 학년:
반:
번호:

OMR 카드 작성시 유의사항

1. 학교명, 성명, 학년, 반 수험번호, 생년월일, 성별 기재
2. 반드시 칸 안에 "●"와 같이 마킹 해야 합니다.
3. OMR카드에 답인 이외에 낙서 등 순서이 있는 경우 특시 감독관에게 문의하시기 바랍니다.
4. 답을 작성하고 마킹 하지 않는 경우 오답으로 간주합니다.
5. 답안 작성 후 반드시 감독관에게 제출해야 합니다. 제출하지 않아 발생하는 사고에 대해서는 책임지지 않습니다.

※ OMR카드를 잘못 작성하여 발생한 성적결과는 책임지지 않습니다.

※ OMR 카드 작성 예시 ※

(맞는 경우)
1) 주관식 또는 객관식

1번	백	십	일
			7

답이 120일 때, 2) 마킹을 하지 않은 경우

1번
1 2 0

(틀린 경우)
답이 120일 때, 3) 마킹을 일부만 한 경우

1번

※ 실제 HME 해법수학 학력평가의 OMR 카드와 같습니다.

최종 모의고사 ❸회

※ OMR 카드 작성 예시 ※

（맞는 경우）
1) 주관식 또는 객관식
   답이 3인 경우

（틀린 경우）
답이 120일 때,
2) 마킹을 하지 않은 경우 3) 마킹을 일부만 한 경우

학 교 명：
성   명：
현재 학년：   반：

※ 실제 HME 해법수학 학력평가의 OMR 카드와 같습니다.

최종 모의고사 ❹회

학 교 명:

성   명:

현재 학년: 반:

OMR 카드 작성시 유의사항

1. 학교명, 성명, 학년, 반 수험번호, 생년월일, 성별 기재
   반드시 윗 인에 "윗 칸이 마킹 해야 합니다.
2. OMR카드에 답안 이외의 낙서 등 순성이 있는 경우 즉시
   감독관에게 문의하시기 바랍니다.
3. 답을 작성하고 마킹을 하지 않는 경우 오답으로 간주합니다.
4. 답안 작성 후 반드시 감독관에게 제출해야 합니다.
5. OMR카드를 잘못 작성하여 발생한 성적결과는 책임지지 않습니다.
   제출하지 않아 발생하는 사고에 대해서는 책임지지 않습니다.

※ OMR 카드 작성 예시

1) 주관식 또는 객관식 답이 3인 경우 (맞는 경우)

2) 마킹을 하지 않은 경우 답이 120일 때 (틀린 경우)

3) 마킹을 일부만 한 경우 답이 120일 때

수 험 번 호

생 년 월 일   성별

생년월일   감독관확인란

※ (1)란에는 아라비아 숫자로 쓰고, (2)란에는
   해당란에 까맣게 표기해야 합니다.

(예시) 2009년 3월 2일생인 경우, (1)번란
   년 월 일 을 일 반간에 09 03 02 를 쓰고,
   (2)란에는 까맣게 표기해야 합니다.

1번 2번 3번 4번 5번 6번 7번 8번 9번 10번 11번 12번 13번
14번 15번 16번 17번 18번 19번 20번 21번 22번 23번 24번 25번

※ 실제 HME 해법수학 학력평가의 OMR 카드와 같습니다.

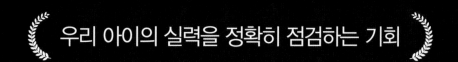

우리 아이의 실력을 정확히 점검하는 기회

40년의 역사
전국 초·중학생 213만 명의 선택

HME 학력평가
해법수학 · 해법국어

응시 학년	수학 ┃ 초등 1학년 ~ 중학 3학년	
	국어 ┃ 초등 1학년 ~ 초등 6학년	
응시 횟수	수학 ┃ 연 2회 (6월 / 11월)	
	국어 ┃ 연 1회 (11월)	

주최 **천재교육** ┃ 주관 **한국학력평가 인증연구소** ┃ 후원 **서울교육대학교**

*응시 날짜는 변동될 수 있으며, 더 자세한 내용은 HME 홈페이지에서 확인 바랍니다.

HME
수 학
학력평가 하반기
대비

HME
수 학
학력평가 하반기 대비

정답 및 풀이

초 **6** 학년

천재교육

HME
수 학
학력평가 하반기 대비

정답 및 풀이

1단원 기출 유형
정답률 **75%**이상

5 ~ 11쪽

유형① ⑤

1 25   **2** 20

유형② ⑤

3 ㉡   **4** ㉢

유형③ 25

5 $3\frac{9}{25}$ **6** $5\frac{5}{6}$

유형④ 14

7 24   **8** 10

유형⑤ 3

9 4   **10** $2\frac{23}{29}$

11 $1\frac{1}{4}$

유형⑥ 11

12 72   **13** 2

유형⑦ 4

14 4   **15** 6

유형⑧ 7

16 4   **17** 6

유형⑨ 4

18 8   **19** 27

유형⑩ 10

20 14   **21** 45

유형⑪ 152

22 $19\frac{3}{5}$ **23** $21\frac{1}{9}$

유형⑫ 30   **24** 35

유형⑬ 45

25 12   **26** 14

유형① 나눗셈을 곱셈으로 나타내고 나누는 분수의 분모
와 분자를 바꾸어 계산합니다.

$$\frac{6}{7} \div \frac{3}{14} = \frac{\overset{2}{\cancel{6}}}{7} \times \frac{\overset{2}{\cancel{14}}}{\cancel{3}} = 4$$

1 $\frac{5}{9} \div \frac{13}{20} = \frac{5}{9} \times \frac{20}{13}$ 이므로

㉠=5, ㉡=20입니다.

⇨ ㉠+㉡=5+20=25

2 $\frac{7}{8} \div \frac{13}{15} = \frac{7}{8} \times \frac{15}{13}$ 이므로

㉠=7, ㉣=13입니다.

⇨ ㉠+㉣=7+13=20

유형② $\frac{14}{3} \div \frac{2}{3} = 14 \div 2 = 7$

• 참고 •

분모가 같은 분수의 나눗셈은 분자끼리 계산합니다.

3 $\frac{8}{9} \div \frac{2}{9} = 8 \div 2 = 4$

4 $\frac{14}{15} \div \frac{2}{15} = 14 \div 2 = 7$

㉠ $\frac{21}{25} \div \frac{3}{25} = 21 \div 3 = 7$

㉡ $\frac{35}{39} \div \frac{5}{39} = 35 \div 5 = 7$

㉢ $\frac{28}{15} \div \frac{7}{15} = 28 \div 7 = 4$

유형③ $1\frac{1}{4} \div \frac{3}{5} = \frac{5}{4} \div \frac{3}{5} = \frac{5}{4} \times \frac{5}{3} = \frac{25}{12}$ 이므로

계산 결과는 $\frac{1}{12}$ 이 25개인 수입니다.

5 $2\frac{2}{5} \div \frac{5}{7} = \frac{12}{5} \div \frac{5}{7} = \frac{12}{5} \times \frac{7}{5} = \frac{84}{25} = 3\frac{9}{25}$

6 $3\frac{1}{2}\div\frac{3}{5}=\frac{7}{2}\div\frac{3}{5}=\frac{7}{2}\times\frac{5}{3}=\frac{35}{6}=5\frac{5}{6}$

유형 ④ $\square\times\frac{9}{16}=7\frac{7}{8}$

⇨ $\square=7\frac{7}{8}\div\frac{9}{16}=\frac{63}{8}\div\frac{9}{16}=\frac{\overset{7}{\cancel{63}}}{\overset{}{\cancel{8}}_{1}}\times\frac{\overset{2}{\cancel{16}}}{\overset{}{\cancel{9}}_{1}}=14$

7 $\square\times\frac{5}{9}=13\frac{1}{3}$

⇨ $\square=13\frac{1}{3}\div\frac{5}{9}=\frac{40}{3}\div\frac{5}{9}=\frac{\overset{8}{\cancel{40}}}{\overset{}{\cancel{3}}_{1}}\times\frac{\overset{3}{\cancel{9}}}{\overset{}{\cancel{5}}_{1}}=24$

8 $\frac{7}{8}\times\square=8\frac{3}{4}$

⇨ $\square=8\frac{3}{4}\div\frac{7}{8}=\frac{35}{4}\div\frac{7}{8}=\frac{\overset{5}{\cancel{35}}}{\overset{}{\cancel{4}}_{1}}\times\frac{\overset{2}{\cancel{8}}}{\overset{}{\cancel{7}}_{1}}=10$

유형 ⑤ 마름모의 다른 대각선의 길이를 $\square$ cm라고 하면

$1\frac{1}{5}\times\square\div2=1\frac{4}{5}$,

$\square=1\frac{4}{5}\times2\div1\frac{1}{5}$

$=\frac{9}{5}\times2\div\frac{6}{5}$

$=\frac{18}{5}\div\frac{6}{5}$

$=18\div6=3$입니다.

9 마름모의 다른 대각선의 길이를 $\square$ cm라고 하면

$4\frac{1}{7}\times\square\div2=8\frac{2}{7}$,

$\square=8\frac{2}{7}\times2\div4\frac{1}{7}=\frac{58}{7}\times2\div\frac{29}{7}=\frac{116}{7}\div\frac{29}{7}$

$=116\div29=4$입니다.

10 마름모의 다른 대각선의 길이를 $\square$ cm라고 하면

$5\frac{4}{5}\times\square\div2=8\frac{1}{10}$,

$\square=8\frac{1}{10}\times2\div5\frac{4}{5}=\frac{81}{10}\times2\div\frac{29}{5}$

$=\frac{\overset{81}{\cancel{162}}}{\overset{}{\cancel{10}}_{2}^{1}}\times\frac{\overset{1}{\cancel{5}}}{29}=\frac{81}{29}=2\frac{23}{29}$입니다.

11 사다리꼴의 높이를 $\square$ cm라 하면

$\left(3\frac{3}{5}+4\frac{1}{3}\right)\times\square\div2=4\frac{23}{24}$,

$7\frac{14}{15}\times\square\div2=4\frac{23}{24}$,

$\square=4\frac{23}{24}\times2\div7\frac{14}{15}=\frac{119}{24}\times2\div\frac{119}{15}$

$=\frac{\overset{1}{\overset{2}{\cancel{238}}}}{\overset{}{\cancel{24}}_{8}^{4}}\times\frac{\overset{5}{\cancel{15}}}{\overset{}{\cancel{119}}_{1}}=\frac{5}{4}=1\frac{1}{4}$입니다.

유형 ⑥ ・$㉠\div\frac{1}{5}=25$, $㉠\times5=25$, $㉠=5$

・$㉡\div\frac{1}{3}=18$, $㉡\times3=18$, $㉡=6$

⇨ $㉠+㉡=5+6=11$

12 ・$㉠\div\frac{1}{4}=36$, $㉠\times4=36$, $㉠=9$

・$㉡\div\frac{1}{7}=56$, $㉡\times7=56$, $㉡=8$

⇨ $㉠\times㉡=9\times8=72$

13 ・$㉠\div\frac{1}{9}=63$, $㉠\times9=63$, $㉠=7$

・$㉡\div\frac{1}{2}=10$, $㉡\times2=10$, $㉡=5$

⇨ $㉠-㉡=7-5=2$

유형 ⑦ $\dfrac{15}{16} \div \dfrac{5}{24} = \dfrac{15}{\overset{}{16}} \times \dfrac{\overset{3}{24}}{\overset{}{5}} = \dfrac{9}{2} = 4\dfrac{1}{2}$ 이므로

트로피 모양을 4개까지 만들 수 있습니다.

14 $\dfrac{25}{27} \div \dfrac{2}{9} = \dfrac{25}{\overset{}{27}} \times \dfrac{\overset{1}{9}}{2} = \dfrac{25}{6} = 4\dfrac{1}{6}$ 이므로

빵을 4개까지 만들 수 있습니다.

● 다른 풀이 ●

분모가 다른 분수의 나눗셈은 통분하여 분자끼리 나
누어 구할 수 있습니다.

$\dfrac{25}{27} \div \dfrac{2}{9} = \dfrac{25}{27} \div \dfrac{6}{27} = \dfrac{25}{6} = 4\dfrac{1}{6}$

---

15 $3\dfrac{5}{6} \div \dfrac{3}{5} = \dfrac{23}{6} \div \dfrac{3}{5} = \dfrac{23}{6} \times \dfrac{5}{3} = \dfrac{115}{18} = 6\dfrac{7}{18}$

이므로 케이크를 6개까지 만들 수 있습니다.

유형 ⑧ $32 \div \dfrac{8}{\square} = \overset{4}{32} \times \dfrac{\square}{\overset{}{8}} = 4 \times \square$

$4 \times \square > 25$ 에서 $4 \times 6 = 24$, $4 \times 7 = 28$ 이므로
$\square$ 안에는 6보다 큰 자연수가 들어갈 수 있습니다.
그중에서 가장 작은 수는 7입니다.

16 $48 \div \dfrac{6}{\square} = \overset{8}{48} \times \dfrac{\square}{\overset{}{6}} = 8 \times \square$

$8 \times \square > 30$ 에서 $8 \times 3 = 24$, $8 \times 4 = 32$ 이므로
$\square$ 안에는 3보다 큰 자연수가 들어갈 수 있습니다.
그중에서 가장 작은 수는 4입니다.

17 $35 \div \dfrac{7}{\square} = \overset{5}{35} \times \dfrac{\square}{\overset{}{7}} = 5 \times \square$

$5 \times \square < 33$ 에서 $5 \times 6 = 30$, $5 \times 7 = 35$ 이므로
$\square$ 안에는 7보다 작은 자연수가 들어갈 수 있습니다. 그중에서 가장 큰 수는 6입니다.

유형 ⑨ $29\dfrac{2}{5} \div 7 = \dfrac{\overset{21}{147}}{5} \times \dfrac{1}{\overset{}{7}} = \dfrac{21}{5} = 4\dfrac{1}{5}$,

$10\dfrac{1}{2} \div 1\dfrac{1}{6} = \dfrac{\overset{3}{21}}{\overset{}{2}} \times \dfrac{\overset{3}{6}}{\overset{}{7}} = 9$

➡ $4\dfrac{1}{5} < \square < 9$ 이므로 $\square$ 안에 들어갈 수 있는

자연수는 5, 6, 7, 8로 모두 4개입니다.

18 $30\dfrac{3}{5} \div 4\dfrac{1}{2} = \dfrac{\overset{17}{153}}{5} \times \dfrac{2}{\overset{}{9}} = \dfrac{34}{5} = 6\dfrac{4}{5}$,

$5\dfrac{1}{4} \div \dfrac{7}{20} = \dfrac{\overset{3}{21}}{\overset{}{4}} \times \dfrac{\overset{5}{20}}{\overset{}{7}} = 15$

➡ $6\dfrac{4}{5} < \square < 15$ 이므로 $\square$ 안에 들어갈 수 있는

자연수는 7, 8, 9, 10, 11, 12, 13, 14로 모두 8개
입니다.

19 $14\dfrac{2}{5} \div 8 = \dfrac{\overset{9}{72}}{5} \times \dfrac{1}{\overset{}{8}} = \dfrac{9}{5} = 1\dfrac{4}{5}$,

$9\dfrac{5}{7} \div 1\dfrac{3}{14} = \dfrac{\overset{4}{68}}{\overset{}{7}} \times \dfrac{\overset{2}{14}}{\overset{}{17}} = 8$

➡ $1\dfrac{4}{5} < \square < 8$ 이므로 $\square$ 안에 들어갈 수 있는 모든

자연수의 합은 $2+3+4+5+6+7 = 27$입니다.

유형 ⑩ (철근 1 m의 무게)$= 5\dfrac{5}{6} \div 1\dfrac{1}{4} = \dfrac{35}{6} \div \dfrac{5}{4}$

$= \dfrac{\overset{7}{35}}{\overset{}{6}} \times \dfrac{\overset{2}{4}}{\overset{}{5}} = \dfrac{14}{3} = 4\dfrac{2}{3}$ (kg)

(철근 $2\dfrac{1}{7}$ m의 무게)$= 4\dfrac{2}{3} \times 2\dfrac{1}{7} = \dfrac{14}{\overset{}{3}} \times \dfrac{\overset{5}{15}}{7}$

$= 10$ (kg)

20 (나무토막 1 m의 무게)$=9\dfrac{3}{8}\div2\dfrac{1}{7}=\dfrac{75}{8}\div\dfrac{15}{7}$

$$=\dfrac{\overset{5}{\cancel{75}}}{8}\times\dfrac{7}{\underset{1}{\cancel{15}}}=\dfrac{35}{8}$$

$$=4\dfrac{3}{8}\,(\text{kg})$$

(나무토막 $3\dfrac{1}{5}$ m의 무게)$=4\dfrac{3}{8}\times3\dfrac{1}{5}$

$$=\dfrac{\overset{7}{\cancel{35}}}{\underset{1}{\cancel{8}}}\times\dfrac{\overset{2}{\cancel{16}}}{\underset{1}{\cancel{5}}}$$

$$=14\,(\text{kg})$$

• 참고 •
나무토막 1 m의 무게를 구하려면 $2\dfrac{1}{7}$ m의 무게가
$9\dfrac{3}{8}$ kg이므로 $9\dfrac{3}{8}\div2\dfrac{1}{7}$ 을 구해야 합니다.

21 (휘발유 1 L로 갈 수 있는 거리)

$$=29\dfrac{1}{6}\div2\dfrac{1}{2}=\dfrac{175}{6}\div\dfrac{5}{2}=\dfrac{\overset{35}{\cancel{175}}}{\underset{3}{\cancel{6}}}\times\dfrac{\overset{1}{\cancel{2}}}{\underset{1}{\cancel{5}}}$$

$$=\dfrac{35}{3}=11\dfrac{2}{3}\,(\text{km})$$

(휘발유 $3\dfrac{6}{7}$ L로 갈 수 있는 거리)

$$=11\dfrac{2}{3}\times3\dfrac{6}{7}=\dfrac{\overset{5}{\cancel{35}}}{\underset{1}{\cancel{3}}}\times\dfrac{\overset{9}{\cancel{27}}}{\underset{1}{\cancel{7}}}=45\,(\text{km})$$

• 참고 •
휘발유 $2\dfrac{1}{2}$ L로 $29\dfrac{1}{6}$ km를 갈 때 휘발유 1 L로
갈 수 있는 거리는 $\left(29\dfrac{1}{6}\div2\dfrac{1}{2}\right)$ km입니다.

유형 **⑪** (1 L의 페인트로 칠할 수 있는 벽의 넓이)

$$=30\dfrac{2}{5}\div1\dfrac{3}{4}=\dfrac{152}{5}\div\dfrac{7}{4}=\dfrac{152}{5}\times\dfrac{4}{7}$$

$$=\dfrac{608}{35}=17\dfrac{13}{35}\,(\text{m}^2)$$

($8\dfrac{3}{4}$ L의 페인트로 칠할 수 있는 벽의 넓이)

$$=17\dfrac{13}{35}\times8\dfrac{3}{4}=\dfrac{\overset{152}{\cancel{608}}}{\underset{1}{\cancel{35}}}\times\dfrac{35}{\underset{1}{\cancel{4}}}=152\,(\text{m}^2)$$

22 푸는 순서
❶ 직사각형 모양의 벽의 넓이 구하기
❷ 1 L의 페인트로 칠할 수 있는 벽의 넓이 구하기
❸ $10\dfrac{8}{9}$ L의 페인트로 칠할 수 있는 벽의 넓이 구하기

❶ (직사각형 모양의 벽의 넓이)
$$=6\times1\dfrac{7}{8}=\overset{3}{\cancel{6}}\times\dfrac{15}{\underset{4}{\cancel{8}}}=\dfrac{45}{4}=11\dfrac{1}{4}\,(\text{m}^2)$$

❷ (1 L의 페인트로 칠할 수 있는 벽의 넓이)
$$=11\dfrac{1}{4}\div6\dfrac{1}{4}=\dfrac{\overset{9}{\cancel{45}}}{\underset{1}{\cancel{4}}}\times\dfrac{\overset{1}{\cancel{4}}}{\underset{5}{\cancel{25}}}=\dfrac{9}{5}=1\dfrac{4}{5}\,(\text{m}^2)$$

❸ ($10\dfrac{8}{9}$ L의 페인트로 칠할 수 있는 벽의 넓이)
$$=1\dfrac{4}{5}\times10\dfrac{8}{9}=\dfrac{9}{5}\times\dfrac{\overset{1}{\cancel{}}98}{\underset{1}{\cancel{9}}}=\dfrac{98}{5}=19\dfrac{3}{5}\,(\text{m}^2)$$

23 푸는 순서
❶ 직사각형 모양의 벽의 넓이 구하기
❷ 1 L의 페인트로 칠할 수 있는 벽의 넓이 구하기
❸ $13\dfrac{1}{3}$ L의 페인트로 칠할 수 있는 벽의 넓이 구하기

❶ (직사각형 모양의 벽의 넓이)
$$=5\times2\dfrac{3}{8}=5\times\dfrac{19}{8}=\dfrac{95}{8}=11\dfrac{7}{8}\,(\text{m}^2)$$

❷ (1 L의 페인트로 칠할 수 있는 벽의 넓이)
$$=11\dfrac{7}{8}\div7\dfrac{1}{2}=\dfrac{95}{8}\div\dfrac{15}{2}=\dfrac{\overset{19}{\cancel{95}}}{\underset{4}{\cancel{8}}}\times\dfrac{\overset{1}{\cancel{2}}}{\underset{3}{\cancel{15}}}$$

$$=\dfrac{19}{12}=1\dfrac{7}{12}\,(\text{m}^2)$$

❸ ($13\dfrac{1}{3}$ L의 페인트로 칠할 수 있는 벽의 넓이)
$$=1\dfrac{7}{12}\times13\dfrac{1}{3}=\dfrac{19}{\underset{3}{\cancel{12}}}\times\dfrac{\overset{10}{\cancel{40}}}{3}=\dfrac{190}{9}=21\dfrac{1}{9}\,(\text{m}^2)$$

유형 **⑫** 물통에 물을 가득 채우려면
$$20-2\dfrac{1}{5}=17\dfrac{4}{5}\,(\text{L})의 물을 더 부어야 합니다.$$

$$17\dfrac{4}{5}\div\dfrac{3}{5}=\dfrac{89}{\cancel{5}}\times\dfrac{\overset{1}{\cancel{5}}}{3}=\dfrac{89}{3}=29\dfrac{2}{3}이므로 물통에$$

물을 가득 채우려면 적어도 30번을 부어야 합니다.

24 물통에 물을 가득 채우려면

$15 - \dfrac{3}{8} = 14\dfrac{5}{8}$ (L)의 물을 더 부어야 합니다.

$14\dfrac{5}{8} \div \dfrac{3}{7} = \dfrac{117}{8} \div \dfrac{3}{7} = \dfrac{\overset{39}{\cancel{117}}}{8} \times \dfrac{7}{\cancel{3}_{1}} = \dfrac{273}{8} = 34\dfrac{1}{8}$

이므로 물통에 물을 가득 채우려면 적어도 35번을 부어야 합니다.

유형 ⑬ 6을 분모가 5인 가분수로 나타내면 $\dfrac{30}{5}$이므로

$6 \div \dfrac{2}{5} = \dfrac{30}{5} \div \dfrac{2}{5} = 30 \div 2 = 15$입니다.

따라서 ㉠=30, ㉡=15이므로

㉠+㉡=30+15=45입니다.

25 8을 분모가 3인 가분수로 나타내면 $\dfrac{24}{3}$이므로

$8 \div \dfrac{2}{3} = \dfrac{24}{3} \div \dfrac{2}{3} = 24 \div 2 = 12$입니다.

따라서 ㉠=24, ㉡=12이므로

㉠-㉡=24-12=12입니다.

26 9를 분모가 7인 가분수로 나타내면 $\dfrac{63}{7}$이므로

$9 \div \dfrac{3}{7} = \dfrac{63}{7} \div \dfrac{3}{7} = 63 \div 3 = 21$입니다.

따라서 ㉠=7, ㉡=21이므로

㉡-㉠=21-7=14입니다.

1단원 기출 유형 정답률 55%이상

12 ~ 13쪽

유형 ⑭ 33	
27 68	**28** 33
유형 ⑮ 8	**29** 25
유형 ⑯ 64	
30 84	**31** 600
유형 ⑰ 16	**32** 24

유형 ⑭ $20 \div \dfrac{3}{5} = 20 \times \dfrac{5}{3} = \dfrac{100}{3} = 33\dfrac{1}{3}$이므로

기린 모양을 33개까지 만들 수 있습니다.

27 $11 \div \dfrac{4}{25} = 11 \times \dfrac{25}{4} = \dfrac{275}{4} = 68\dfrac{3}{4}$이므로

버스 모양을 68개까지 만들 수 있습니다.

28 $28 \div \dfrac{5}{6} = 28 \times \dfrac{6}{5} = \dfrac{168}{5} = 33\dfrac{3}{5}$이므로

공 모양을 33개까지 만들 수 있습니다.

유형 ⑮ (쌀과 보리를 섞은 무게)$= 9\dfrac{3}{4} + 6\dfrac{1}{2}$

$= 16\dfrac{1}{4}$ (kg)

$\Rightarrow 16\dfrac{1}{4} \div 1\dfrac{7}{8} = \dfrac{65}{4} \div \dfrac{15}{8} = \dfrac{\overset{13}{\cancel{65}}}{\cancel{4}_{1}} \times \dfrac{\overset{2}{\cancel{8}}}{\cancel{15}_{3}}$

$= \dfrac{26}{3} = 8\dfrac{2}{3}$

따라서 쌀과 보리는 8봉지까지 팔 수 있습니다.

29 (초록색 페인트의 양)

$$=14\frac{5}{6}+13\frac{1}{2}=28\frac{1}{3} \text{ (L)}$$

$$\Rightarrow 28\frac{1}{3}\div1\frac{1}{9}=\frac{85}{3}\div\frac{10}{9}=\frac{\overset{17}{\cancel{85}}}{\cancel{3}}\times\frac{\overset{3}{\cancel{9}}}{\cancel{10}}_{2}$$

$$=\frac{51}{2}=25\frac{1}{2}$$

따라서 초록색 페인트는 25통까지 팔 수 있습니다.

> **주의**
> 계산 결과가 대분수이면 팔 수 있는 페인트 통의 수는 분수 부분을 버리고 자연수 부분만 생각해야 합니다.

유형 16 1시간은 60분이므로 45분은 $\frac{45}{60}=\frac{3}{4}$(시간)입니다. $\frac{3}{4}$시간 동안 48 km를 갔으므로 1시간 동안에 갈 수 있는 거리는 $48\div\frac{3}{4}=\overset{16}{\cancel{48}}\times\frac{4}{\cancel{3}}_{1}=64$ (km)입니다.

30 푸는 순서
❶ 25분은 몇 시간인지 분수로 나타내기
❷ 1시간 동안에 갈 수 있는 거리 구하기

❶ 1시간은 60분이므로 25분은 $\frac{25}{60}=\frac{5}{12}$(시간)입니다.
❷ $\frac{5}{12}$시간 동안 35 km를 갔으므로 1시간 동안에 갈 수 있는 거리는
$35\div\frac{5}{12}=\overset{7}{\cancel{35}}\times\frac{12}{\cancel{5}}_{1}=84$ (km)입니다.

31 푸는 순서
❶ 35분은 몇 시간인지 분수로 나타내기
❷ 1시간 동안에 갈 수 있는 거리 구하기
❸ 2시간 동안에 갈 수 있는 거리 구하기

❶ 1시간은 60분이므로 35분은 $\frac{35}{60}=\frac{7}{12}$(시간)입니다.
❷ $\frac{7}{12}$시간 동안 175 km를 갔으므로 1시간 동안에 갈 수 있는 거리는
$175\div\frac{7}{12}=\overset{25}{\cancel{175}}\times\frac{12}{\cancel{7}}_{1}=300$ (km)입니다.
❸ 2시간 동안에 갈 수 있는 거리는
$300\times2=600$ (km)입니다.

유형 17 전체 일의 양을 1이라 하면 두 사람이 각각 하루에 하는 일의 양은 (소라)$=\frac{1}{8}\div6=\frac{1}{8}\times\frac{1}{6}=\frac{1}{48}$, (명호)$=\frac{1}{6}\div4=\frac{1}{6}\times\frac{1}{4}=\frac{1}{24}$입니다.
두 사람이 같이 하루에 하는 일의 양은
$\frac{1}{48}+\frac{1}{24}=\frac{3}{48}=\frac{1}{16}$입니다.
따라서 두 사람이 같이 일을 했을 때 모두 마치려면
$1\div\frac{1}{16}=1\times16=16$(일)이 걸립니다.

32 푸는 순서
❶ 지혜와 경태가 각각 하루에 하는 일의 양 구하기
❷ 두 사람이 같이 일을 할 때 하루에 하는 일의 양 구하기
❸ 두 사람이 같이 일을 해서 마치려면 며칠이 걸리는지 구하기

❶ 전체 일의 양을 1이라 하면 두 사람이 각각 하루에 하는 일의 양은
(지혜)$=\frac{1}{4}\div10=\frac{1}{4}\times\frac{1}{10}=\frac{1}{40}$,
(경태)$=\frac{1}{10}\div6=\frac{1}{10}\times\frac{1}{6}=\frac{1}{60}$입니다.
❷ 두 사람이 같이 하루에 하는 일의 양은
$\frac{1}{40}+\frac{1}{60}=\frac{5}{120}=\frac{1}{24}$입니다.
❸ 따라서 두 사람이 같이 일을 했을 때 모두 마치려면
$1\div\frac{1}{24}=1\times24=24$(일)이 걸립니다.

1단원 종합

14 ~ 16쪽

1 $1\frac{49}{72}$	**2** $3\frac{11}{21}$
3 9	**4** $\frac{6}{7}$
5 28	**6** 5
7 $76\frac{7}{8}$	**8** 61
9 12	**10** 206
11 21600	**12** 7

1 $\square = 2\frac{3}{4} \div 1\frac{7}{11} = \frac{11}{4} \div \frac{18}{11}$

$= \frac{11}{4} \times \frac{11}{18} = \frac{121}{72} = 1\frac{49}{72}$

2 (삼각형의 넓이)=(밑변의 길이)×(높이)÷2이므로

(높이)$= 16\frac{4}{9} \times 2 \div 9\frac{1}{3}$

$= \frac{148}{9} \times 2 \div \frac{28}{3}$

$= \frac{\overset{74}{296}}{\underset{3}{9}} \times \frac{\overset{1}{3}}{\underset{7}{28}} = \frac{74}{21} = 3\frac{11}{21}$ (cm)

3 • $\bigcirc \div \frac{1}{4} = 20$, $\bigcirc \times 4 = 20$, $\bigcirc = 5$

• $\bigcirc \div \frac{1}{6} = 48$, $\bigcirc \times 6 = 48$, $\bigcirc = 8$

• $\bigcirc \div \frac{1}{8} = 32$, $\bigcirc \times 8 = 32$, $\bigcirc = 4$

$\Rightarrow \bigcirc + \bigcirc - \bigcirc = 5 + 8 - 4 = 9$

4 어떤 수를 $\square$라 하면

$\square \times \frac{7}{8} = \frac{21}{32}$, $\square = \frac{21}{32} \div \frac{7}{8} = \frac{\overset{3}{21}}{\underset{4}{32}} \times \frac{\overset{1}{8}}{7} = \frac{3}{4}$

바르게 계산하면

$\frac{3}{4} \div \frac{7}{8} = \frac{3}{\underset{1}{4}} \times \frac{\overset{2}{8}}{7} = \frac{6}{7}$입니다.

5 $54 \div \frac{6}{\square} = 54 \times \frac{\square}{6} = 9 \times \square$

$9 \times \square < 70$에서 $9 \times 7 = 63$, $9 \times 8 = 72$이므로 $\square$ 안에 들어갈 수 있는 수는 8보다 작은 자연수이므로 1부터 7까지입니다.

$\Rightarrow 1 + 2 + 3 + 4 + 5 + 6 + 7 = 28$

6 $8\frac{5}{8} \div 1\frac{1}{5} = \frac{69}{8} \div \frac{6}{5} = \frac{\overset{23}{69}}{8} \times \frac{5}{\underset{2}{6}} = \frac{115}{16} = 7\frac{3}{16}$,

$26\frac{1}{9} \div 2\frac{1}{12} = \frac{235}{9} \div \frac{25}{12} = \frac{\overset{47}{235}}{\underset{3}{9}} \times \frac{\overset{4}{12}}{\underset{5}{25}}$

$= \frac{188}{15} = 12\frac{8}{15}$

$\Rightarrow 7\frac{3}{16} < \square < 12\frac{8}{15}$이므로 $\square$ 안에 들어갈 수 있는 자연수는 8, 9, 10, 11, 12로 모두 5개입니다.

7 (휘발유 1 L로 가는 거리)

$= 32\frac{4}{5} \div 1\frac{7}{9} = \frac{164}{5} \div \frac{16}{9}$

$= \frac{\overset{41}{164}}{5} \times \frac{9}{\underset{4}{16}} = \frac{369}{20} = 18\frac{9}{20}$ (km)

($4\frac{1}{6}$ L의 휘발유로 갈 수 있는 거리)

$= 18\frac{9}{20} \times 4\frac{1}{6} = \frac{\overset{123}{369}}{\underset{4}{20}} \times \frac{\overset{5}{25}}{\underset{2}{6}} = \frac{615}{8} = 76\frac{7}{8}$ (km)

> **참고**
>
> 휘발유 1 L로 갈 수 있는 거리는 $\left(32\frac{4}{5} \div 1\frac{7}{9}\right)$ km입니다.

8 물통에 물을 가득 채우려면

$30 - 4\frac{1}{5} = 25\frac{4}{5}$ (L)의 물을 더 부어야 합니다.

$25\frac{4}{5} \div \frac{3}{7} = \frac{129}{5} \div \frac{3}{7} = \frac{\overset{43}{129}}{5} \times \frac{7}{\underset{1}{3}} = \frac{301}{5} = 60\frac{1}{5}$

이므로 물통에 물을 가득 채우려면 적어도 61번을 부어야 합니다.

> **주의**
>
> 60번 부으면 가득 차지 않으므로 (60＋1)번 부어야 합니다.

9 (쌀과 보리를 섞은 무게)$=8\dfrac{3}{5}+6\dfrac{2}{3}$

$=15\dfrac{4}{15}$ (kg)

$\Rightarrow 15\dfrac{4}{15}\div 1\dfrac{1}{4}=\dfrac{229}{15}\div\dfrac{5}{4}=\dfrac{229}{15}\times\dfrac{4}{5}$

$=\dfrac{916}{75}=12\dfrac{16}{75}$

따라서 쌀과 보리는 12봉지까지 팔 수 있습니다.

10 16을 분모가 11인 가분수로 나타내면 $\dfrac{176}{11}$이므로

$16\div\dfrac{8}{11}=\dfrac{176}{11}\div\dfrac{8}{11}=176\div 8=22$입니다.

따라서 ㉠$=176$, ㉡$=8$, ㉢$=22$이므로

㉠$+$㉡$+$㉢$=176+8+22=206$입니다.

11 1시간은 60분이므로 8분은 $\dfrac{8}{60}=\dfrac{2}{15}$(시간)입니다.

$\dfrac{2}{15}$시간 동안 120 km를 갔으므로 24시간 동안에

갈 수 있는 거리는

$120\div\dfrac{2}{15}\times 24=120\times\dfrac{15}{2}\times 24$

$=900\times 24=21600$ (km)입니다.

> ● 다른 풀이 ●
> 1분에 $120\div 8=15$ (km)를 가므로 24시간 동안에
> 는 $15\times 60\times 24=21600$ (km)를 갑니다.

12 전체 일의 양을 1이라 하면 두 사람이 각각 하루에

하는 일의 양은

(강희)$=\dfrac{1}{3}\div 8=\dfrac{1}{3}\times\dfrac{1}{8}=\dfrac{1}{24}$,

(승우)$=\dfrac{1}{2}\div 4=\dfrac{1}{2}\times\dfrac{1}{4}=\dfrac{1}{8}$입니다.

(강희가 3일 동안 한 일의 양)$=\dfrac{1}{24}\times 3=\dfrac{1}{8}$,

(승우가 해야 할 일의 양)$=1-\dfrac{1}{8}=\dfrac{7}{8}$

따라서 승우는 $\dfrac{7}{8}\div\dfrac{1}{8}=7$(일) 동안 일을 해야 합니다.

2단원 기출 유형 정답률 75%이상

17 ~ 21쪽

유형① 400	
1 600	**2** 0.54
유형② 15	
3 14	**4** ㉢
유형③ 7	
5 15	**6** 16
유형④ 9	
7 10	**8** 8
유형⑤ 63	
9 2.8	**10** 83.3
유형⑥ 13	
11 11	**12** 19
유형⑦ 15	
13 36	**14** 514
유형⑧ 100	
15 10	**16** 100
유형⑨ 6	
17 1	**18** 1
유형⑩ 3, 1.03	**19** 6, 2.42

유형① 나누어지는 수는 같고 나누는 수가 $\dfrac{1}{10}$배, $\dfrac{1}{100}$배

가 되면 몫은 10배, 100배가 됩니다.

$32\div 8=4$

$32\div 0.8=40$

$32\div 0.08=400$

1 나누어지는 수는 같고 나누는 수가 $\dfrac{1}{10}$배, $\dfrac{1}{100}$배

가 되면 몫은 10배, 100배가 됩니다.

$270\div 45=6$

$270\div 4.5=60$

$270\div 0.45=600$

2 나누는 수는 같고 나누어지는 수가 $\dfrac{1}{10}$배, $\dfrac{1}{100}$배가

되면 몫은 $\dfrac{1}{10}$배, $\dfrac{1}{100}$배가 됩니다.

$432 \div 8 = 54$

$43.2 \div 8 = 5.4$

$4.32 \div 8 = 0.54$

유형 ② $63 \div 4.2 = 630 \div 42 = 15$

┌─ 다른 풀이 ─

분모가 10인 분수로 바꾸어 계산할 수 있습니다.

$63 \div 4.2 = \dfrac{630}{10} \div \dfrac{42}{10} = 630 \div 42 = 15$

└─

3 $91 \div 6.5 = 910 \div 65 = 14$

4 ㉠ $72 \div 4.5 = 720 \div 45 = 16$

㉡ $93 \div 6.2 = 930 \div 62 = 15$

㉢ $105 \div 7.5 = 1050 \div 75 = 14$

⇨ 몫이 가장 작은 것은 ㉢ 14입니다.

유형 ③ $15.4 \div 2.2 = 7$(일)

┌─ 참고 ─

(물을 모두 마시는 데 걸리는 날수)

＝(전체 물의 양)÷(하루에 마시는 물의 양)

└─

5 $19.5 \div 1.3 = 15$(일)

┌─ 참고 ─

(우유를 모두 마시는 데 걸리는 날수)

＝(전체 우유의 양)÷(하루에 마시는 우유의 양)

└─

6 $22.4 \div 1.4 = 16$(일)

유형 ④

```
        9     ← 나누어 줄 수 있는 사람 수
  3 ) 2 8 . 4
      2 7
      1 . 4   ← 남는 끈의 길이
```

⇨ 끈을 한 사람에게 3 m씩 최대 9명에게 나누어 줄 수 있습니다.

7 $32.8 \div 3 = 10 \cdots 2.8$이므로 최대 10명에게 나누어 줄 수 있습니다.

8 $35.4 \div 4 = 8 \cdots 3.4$이므로 최대 8명에게 나누어 줄 수 있습니다.

유형 ⑤

```
            6 3    ← 몫(㉠)
  5.3 ) 3 3 4 . 6
        3 1 8
        1 6 6
        1 5 9
          0 . 7   ← 나머지
```

9

```
          8 9    ← 몫
  4.7 ) 4 2 1 . 1
        3 7 6
        4 5 1
        4 2 3
          2 . 8   ← 나머지(㉠)
```

10

```
          8 3    ← 몫(㉠)
  3.4 ) 2 8 2 . 5
        2 7 2
        1 0 5
        1 0 2
          0 . 3   ← 나머지(㉡)
```

⇨ ㉠＋㉡＝83＋0.3＝83.3

유형 ⑥ $20 \div 1.5 = 13 \cdots 0.5$

⇨ 물통을 13개까지 가득 채울 수 있고 물은 0.5 L가 남습니다.

11 $20 \div 1.8 = 11 \cdots 0.2$

⇨ 봉지를 11개까지 가득 채울 수 있고 쌀은 0.2 kg이 남습니다.

12 $50 \div 2.6 = 19 \cdots 0.6$

⇨ 화분을 19개까지 가득 채울 수 있고 흙은 0.6 kg이 남습니다.

유형 ⑦ $6.82 \div 4.7 = 1.45 \cdots \Rightarrow 1.5$

1.5의 10배는 15입니다.

13 $9.35 \div 2.6 = 3.59 \cdots \Rightarrow 3.6$

3.6의 10배는 36입니다.

14 $31.84 \div 6.2 = 5.135\underline{\cdots} \Rightarrow 5.14$
5.14의 100배는 514입니다.

유형 ⑧ $3.01 \div 0.7 = 4.3$이므로 ㉠$= 4.3$
$30.1 \div 0.07 = 430$이므로 ㉡$= 430$
$\Rightarrow 430 \div 4.3 = 100$이므로 ㉡은 ㉠의 100배입니다.

15 $7.74 \div 0.9 = 8.6$이므로 ㉠$= 8.6$
$77.4 \div 90 = 0.86$이므로 ㉡$= 0.86$
$\Rightarrow 8.6 \div 0.86 = 10$이므로 ㉠은 ㉡의 10배입니다.

16 $7.36 \div 3.2 = 2.3$이므로 ㉠$= 2.3$
$73.6 \div 0.32 = 230$이므로 ㉡$= 230$
$\Rightarrow 230 \div 2.3 = 100$이므로 ㉡은 ㉠의 100배입니다.

유형 ⑨ $25.68 \div 4.4 = 5.8363636\cdots$이므로 몫의 소수 둘째 자리부터 3, 6이 반복됩니다. 따라서 몫의 소수 15째 자리 숫자는 6입니다.

17 $35.36 \div 3.3 = 10.7151515\cdots$이므로 몫의 소수 둘째 자리부터 1, 5가 반복됩니다. 따라서 몫의 소수 10째 자리 숫자는 1입니다.

18 $16.35 \div 2.2 = 7.43181818\cdots$이므로 몫의 소수 셋째 자리부터 1, 8이 반복됩니다. 따라서 몫의 소수 19째 자리 숫자는 1입니다.

유형 ⑩ 어떤 수를 □라 하면
$\square \div 0.8 = 6\cdots0.43$이므로 나누어지는 수를 구하는 식을 이용하면 $\square = 0.8 \times 6 + 0.43 = 5.23$입니다.
$\Rightarrow 5.23 \div 1.4 = 3\cdots1.03$

19 어떤 수를 □라 하면
$\square \div 2.4 = 9\cdots1.82$이므로 나누어지는 수를 구하는 식을 이용하면 $\square = 2.4 \times 9 + 1.82 = 23.42$입니다.
$\Rightarrow 23.42 \div 3.5 = 6\cdots2.42$

2단원 기출 유형 정답률 55%이상

22 ~ 23쪽

유형 ⑪ 99		**20** 702	
유형 ⑫ 13		**21** 21	
유형 ⑬ 145		**22** 93.75	
유형 ⑭ 3			
23 1		**24** 5	

유형 ⑪ (나무 사이의 간격 수)
$=$(도로의 길이)$\div$(나무 사이의 간격)
$= 11.76 \div 0.12$
$= 98$(군데)
(도로 한쪽에 처음부터 끝까지 심은 나무의 수)
$=$(나무 사이의 간격 수)$+1$
$= 98 + 1 = 99$(그루)

20 1 km=1000 m이므로 8.96 km=8960 m입니다.
(가로등 사이의 간격 수)
=(도로의 길이)÷(가로등 사이의 간격)
=8960÷25.6
=350(군데)
(도로 한쪽에 처음부터 끝까지 세우는 가로등의 수)
=(가로등 사이의 간격 수)+1
=350+1=351(개)
(도로 양쪽에 처음부터 끝까지 세우는 가로등의 수)
=351×2=702(개)

유형 **12** (영등포구의 넓이)÷(여의도동의 넓이)
=24.55÷8.41=2.919……이므로 반올림하여 소
수 둘째 자리까지 나타내면 2.92배입니다.
⇨ ㉠+㉡+㉢=2+9+2=13

21 (부산광역시의 넓이)÷(해운대구의 넓이)
=765.82÷51.45=14.884……이므로 반올림하
여 소수 둘째 자리까지 나타내면 14.88배입니다.
⇨ ㉠+㉡+㉢+㉣=1+4+8+8=21

유형 **13** 직선 ㄱㄴ과 직선 ㄷㄹ이 서로 평행하므로 사다
리꼴 가의 높이와 삼각형 나의 높이는 같습니다.
높이를 □ cm라 하면 사다리꼴 가의 넓이가
97.15 cm²이므로 (4.6+8.8)×□÷2=97.15,
□=14.5입니다.
따라서 삼각형 나의 넓이는
20×14.5÷2=145 (cm²)입니다.

22 직선 ㄱㄴ과 직선 ㄷㄹ이 서로 평행하므로
삼각형 가의 높이와 사다리꼴 나의 높이는 같습니다.
높이를 □ cm라 하면 사다리꼴 나의 넓이가
165 cm²이므로 (11.8+14.6)×□÷2=165,
□=12.5입니다.
따라서 삼각형 가의 넓이는
15×12.5÷2=93.75 (cm²)입니다.

유형 **14** 반올림하여 일의 자리까지 나타내면 4가 되는 수
의 범위는 3.5 이상 4.5 미만입니다. □.91÷0.9의
몫의 범위가 3.5 이상 4.5 미만이므로
□.91÷0.9=3.5, □.91÷0.9=4.5에서
□.91의 범위는 0.9×3.5=3.15 이상
0.9×4.5=4.05 미만입니다.
⇨ 3.15 이상 4.05 미만인 수 중에서 □.91인 수는
3.91이므로 □ 안에 알맞은 수는 3입니다.

23 반올림하여 일의 자리까지 나타내면 6이 되는 수의
범위는 5.5 이상 6.5 미만입니다. □.67÷0.3의 몫
의 범위는 5.5 이상 6.5 미만이므로
□.67÷0.3=5.5, □.67÷0.3=6.5에서
□.67의 범위는 0.3×5.5=1.65 이상
0.3×6.5=1.95 미만입니다.
⇨ 1.65 이상 1.95 미만인 수 중에서 □.67인 수는
1.67이므로 □ 안에 알맞은 수는 1입니다.

24 반올림하여 소수 첫째 자리까지 나타내면 7.5가 되
는 수의 범위는 7.45 이상 7.55 미만입니다.
□.23÷0.7의 몫의 범위는 7.45 이상 7.55 미만이
므로 □.23÷0.7=7.45, □.23÷0.7=7.55에서
□.23의 범위는 0.7×7.45=5.215 이상
0.7×7.55=5.285 미만입니다.
⇨ 5.215 이상 5.285 미만인 수 중에서 □.23인 수
는 5.23이므로 □ 안에 알맞은 수는 5입니다.

2단원 종합

24 ~ 26쪽

1 34	**2** 34
3 11	**4** 9
5 70.4	**6** 16
7 22	**8** 100
9 6	**10** 18
11 240	**12** 2

1 가장 큰 수: 57.8
가장 작은 수: 1.7
⇨ 57.8÷1.7=34

2 23.8÷0.7=34(도막)

3 45.2÷4=11⋯1.2이므로 최대 11명까지 나누어
줄 수 있습니다.

4 (평행사변형의 높이)=(넓이)÷(밑변의 길이)
=64.8÷7.2
=9 (cm)

5 453.2÷6.8=66⋯4.4
⟍   ⟍
㉠   ㉡
⇨ ㉠+㉡=66+4.4=70.4

6 16.6÷6=2.766⋯⋯ ⇨ 2.77
㉠.㉡㉢이 2.77이므로
㉠+㉡+㉢=2+7+7=16입니다.

7 37.4+42.6=80 (cm)
80÷3.5=22⋯3
⇨ 길이가 3.5 cm인 색 테이프를 22도막까지 만들
수 있고 3 cm가 남습니다.

8 • 42.4÷0.08=530 → ㉠=530
• 4.24÷0.8=5.3 → ㉡=5.3
⇨ 530은 5.3의 100배입니다.

9 65.78÷2.7=24.3629629⋯⋯
몫의 소수 둘째 자리부터 6, 2, 9가 반복됩니다.
13÷3=4⋯1이므로 소수 14째 자리 숫자는 6입
니다.

10 어떤 수를 □라 하면
□×4.7=397.62, □=397.62÷4.7=84.6
따라서 바르게 계산했을 때의 몫은
84.6÷4.7=18입니다.

> ●주의●
> 어떤 수를 구하는 것이 아니고 바르게 계산했을 때
> 의 몫을 구해야 합니다.

11 동화책을 읽고 남은 부분은 전체의 1−0.65=0.35
이므로 전체를 □쪽이라 하면 □×0.35=84입니다.
⇨ □=84÷0.35=240이므로 주석이가 읽고 있는
동화책의 전체 쪽수는 240쪽입니다.

> ●주의●
> 전체의 0.65만큼이 84쪽이 아니라 전체의 0.35만
> 큼이 84쪽임에 주의합니다.

12 반올림하여 소수 첫째 자리까지 나타내면 8.4가 되
는 수의 범위는 8.35 이상 8.45 미만입니다.
51.□÷6.2의 몫의 범위는 8.35 이상 8.45 미만이
므로 51.□÷6.2=8.35, 51.□÷6.2=8.45에서
51.□의 범위는 6.2×8.35=51.77 이상
6.2×8.45=52.39 미만입니다.
⇨ 51.77 이상 52.39 미만인 수 중에서 51.□인 수
는 51.8, 51.9이므로 모두 2개입니다.

3단원 기출 유형 정답률 75%이상

27 ~ 33쪽

유형① ③

유형② ②

1 서준

2

위	앞	옆
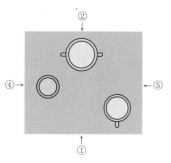		

유형③ 5   **3** 4

유형④ 12

4 11   **5** 5

유형⑤ ④   **6** 가, 나

유형⑥ 22   **7** 19

유형⑦ 12   **8** 14

유형⑧ 8   **9** 10, 9

유형⑨ 8   **10** 10

유형⑩ 7

11 3   **12** 8

유형⑪ 12   **13** 14

유형⑫ 19   **14** 15

유형⑬ 8   **15** 24

유형⑭ 4   **16** 10

유형① ①, ②, ④, ⑤는 오른쪽과 같은 방향에서 찍은 사진입니다.
➪ 찍을 수 없는 사진은 ③입니다.

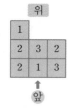

1 파란색 지붕의 집, 빨간색 지붕의 집, 나무 순서로 보이므로 서준이가 찍은 사진입니다.

유형② 위에서 본 모양은 1층 모양과 같고, 위에서 본 모양에 수를 쓰면 오른쪽과 같습니다.
앞에서 본 모양은 왼쪽에서부터 2층, 3층, 3층이므로 ②입니다.

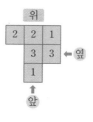

2 위에서 본 모양은 1층 모양과 같고, 위에서 본 모양에 수를 쓰면 오른쪽과 같습니다. 앞에서 본 모양은 왼쪽에서부터 2층, 3층, 3층이고 옆에서 본 모양은 왼쪽에서부터 1층, 3층, 2층입니다.

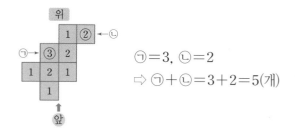

유형③ 위에서 본 모양의 각 자리에 쌓은 쌓기나무의 개수를 써 보면 다음과 같습니다.

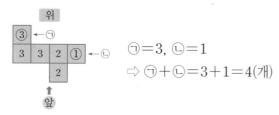

㉠=3, ㉡=2
➪ ㉠+㉡=3+2=5(개)

3 위에서 본 모양의 각 자리에 쌓은 쌓기나무의 개수를 써 보면 다음과 같습니다.

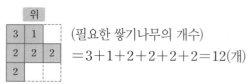

㉠=3, ㉡=1
➪ ㉠+㉡=3+1=4(개)

유형④ 1층: 6개, 2층: 5개, 3층: 1개
➪ (필요한 쌓기나무의 개수)=6+5+1=12(개)

┌─ **다른 풀이** ─
위에서 본 모양의 각 자리에 쌓인 쌓기나무의 개수를 세어 수를 써 보면 다음과 같습니다.

위		
3	1	
2	2	2
2		

(필요한 쌓기나무의 개수)
=3+1+2+2+2+2=12(개)

4 1층: 6개, 2층: 3개, 3층: 2개
➪ (필요한 쌓기나무의 개수)=6+3+2=11(개)

5 푸는 순서
❶ 똑같이 쌓는 데 사용한 쌓기나무의 개수 구하기
❷ 남는 쌓기나무의 개수 구하기

❶ 1층: 5개, 2층: 3개, 3층: 1개, 4층: 1개
(사용한 쌓기나무의 개수)=5+3+1+1=10(개)
❷ (남는 쌓기나무의 개수)=15-10=5(개)

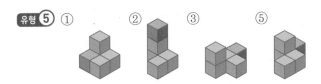

유형⑤ ① ② ③ ⑤

6 가 나

유형⑥ • 아라 – 1층: 6개, 2층: 4개, 3층: 2개
(사용한 쌓기나무의 개수)
=6+4+2=12(개)
• 희완 – 1층: 5개, 2층: 3개, 3층: 2개
(사용한 쌓기나무의 개수)
=5+3+2=10(개)
⇨ (두 사람이 사용한 쌓기나무의 개수)
=12+10=22(개)

7 • 지훈 – 1층: 5개, 2층: 4개, 3층: 1개
(사용한 쌓기나무의 개수)
=5+4+1=10(개)
• 태희 – 1층: 5개, 2층: 2개, 3층: 2개
(사용한 쌓기나무의 개수)
=5+2+2=9(개)
⇨ (두 사람이 사용한 쌓기나무의 개수)
=10+9=19(개)

유형⑦ 1층에 6개, 2층에 5개, 3층에 2개가 남았으므로
(남은 쌓기나무의 개수)
=6+5+2=13(개)
⇨ (빼낸 쌓기나무의 개수)
=25-13=12(개)

8 1층에 7개, 2층에 3개, 3층에 2개, 4층에 1개가 남았으므로
(남은 쌓기나무의 개수)
=7+3+2+1=13(개)
⇨ (빼낸 쌓기나무의 개수)
=27-13=14(개)

유형⑧ 앞에서 보았을 때 보이는 쌓기나무의 개수는 각 줄에서 가장 높게 쌓은 자리의 쌓기나무의 개수와 같습니다.
⇨ 2+1+3+2=8(개)

9 앞과 옆에서 보았을 때 보이는 쌓기나무의 개수는 각 줄에서 가장 높게 쌓은 자리의 쌓기나무의 개수와 같습니다.
⇨ 앞에서 보았을 때: 4+2+1+3=10(개)
옆에서 보았을 때: 3+2+4=9(개)

유형⑨
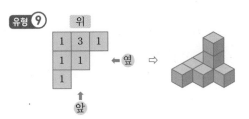
⇨ (필요한 쌓기나무의 개수)
=1+3+1+1+1+1=8(개)

10 위에서 본 모양의 각 자리에 쌓은 쌓기나무의 개수를 써넣으면 오른쪽과 같습니다.
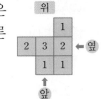
⇨ (필요한 쌓기나무의 개수)
=1+2+3+2+1+1
=10(개)

유형⑩
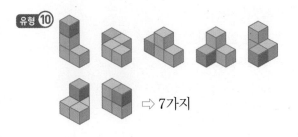
⇨ 7가지

11
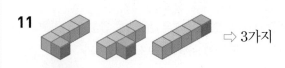
⇨ 3가지

┌─ 주의 ─
│ 뒤집거나 돌려서 나오는 모양을 중복하여 세지 않도록 주의합니다.
└─────────

12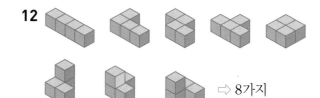

⇨ 8가지

유형 ⑪ 정확히 알 수 있는 쌓기나무의 개수를 써넣으면 오른쪽과 같습니다. ㉠의 자리에는 1개 또는 2개를 놓을 수 있으므로 ㉠=1입니다.
⇨ 2+1+2+3+1+1+1+1
  =12(개)

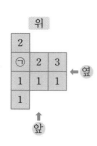

13 정확히 알 수 있는 쌓기나무의 개수를 써넣으면 오른쪽과 같습니다.
㉠의 자리에는 1개부터 3개까지 놓을 수 있으므로 ㉠=3입니다.
⇨ 1+2+3+3+1+3+1
  =14(개)

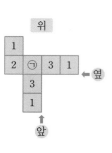

유형 ⑫ (전체 쌓기나무의 개수)
  =2+4+3+2+1+4+3+2=21(개)
4층에 쌓은 쌓기나무 2개를 빼면
21−2=19(개)입니다.

14 전략 가이드
전체 쌓기나무의 개수에서 3층과 4층에 쌓은 쌓기나무의 개수를 빼어 구합니다.

(전체 쌓기나무의 개수)
=3+4+4+2+4+1+3+1+1=23(개)
3층에 5개, 4층에 3개가 쌓여 있으므로
23−5−3=15(개)입니다.

유형 ⑬ 세 면에 페인트가 칠해진 쌓기나무는 오른쪽과 같습니다.
⇨ (세 면에 페인트가 칠해진 쌓기나무의 개수)
  =(가장 큰 정육면체의 꼭짓점의 개수)
  =8개

15 두 면에 페인트가 칠해진 쌓기나무는 오른쪽과 같습니다.
⇨ (두 면에 페인트가 칠해진 쌓기나무의 개수)
  =(한 모서리에 2개씩 12개의 모서리)
  =2×12=24(개)

유형 ⑭ 위에서 본 모양의 각 자리에 쌓기나무의 개수를 써넣어 쌓을 수 있는 방법을 모두 찾으면 다음과 같습니다.

⇨ 4가지

16 푸는 순서
❶ 쌓을 수 있는 방법을 모두 찾아 각 자리에 쌓기나무의 개수를 써넣기
❷ 조건에 맞는 방법의 가지 수 모두 찾기

❶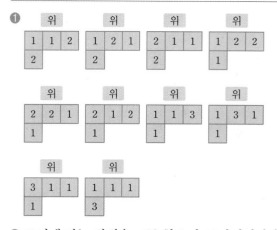

❷ 조건에 맞는 방법을 모두 찾으면 10가지입니다.

3단원 기출 유형 정답률 55%이상

34~35쪽

유형 ⑮ 288		**17** 540	
유형 ⑯ 20		**18** 54	
유형 ⑰ 13		**19** 19	
유형 ⑱ 2		**20** 1	

유형 ⑮ (쌓기나무의 한 면의 넓이)
=(한 모서리의 길이)×(한 모서리의 길이)
$=2×2=4 (cm^2)$
(보이는 면의 수)=(위)×2+(앞)×2+(옆)×2
$=16×2+10×2+10×2$
$=72(개)$
⇨ (쌓기나무로 쌓은 모양의 겉넓이)
$=4×72=288 (cm^2)$

17 (쌓기나무의 한 면의 넓이)
=(한 모서리의 길이)×(한 모서리의 길이)
$=3×3=9 (cm^2)$
(보이는 면의 수)=(위)×2+(앞)×2+(옆)×2
$=10×2+10×2+10×2$
$=60(개)$
⇨ (쌓기나무로 쌓은 모양의 겉넓이)
$=9×60=540 (cm^2)$

유형 ⑯ 1층: 5개, 2층: 2개
(주어진 쌓기나무의 개수)
$=5+2=7(개)$
가장 작은 정육면체를 만들려면 한 모서리가 쌓기나무 3개로 이루어져야 하므로
(가장 작은 정육면체 모양의 쌓기나무의 개수)
$=3×3×3=27(개)$
⇨ (더 필요한 쌓기나무의 개수)
$=27-7=20(개)$

18 1층: 6개, 2층: 3개, 3층: 1개
(주어진 쌓기나무의 개수)
$=6+3+1=10(개)$
가장 작은 정육면체를 만들려면 한 모서리가 쌓기나무 4개로 이루어져야 하므로
(가장 작은 정육면체 모양의 쌓기나무의 개수)
$=4×4×4=64(개)$
⇨ (더 필요한 쌓기나무의 개수)
$=64-10=54(개)$

유형 ⑰ 위에서 본 모양을 보고 앞과 옆에서 본 모양을 그리면 다음과 같습니다.

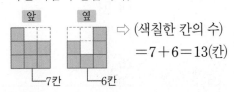

⇨ (색칠한 칸의 수)
$=7+6=13(칸)$

19 2층에 쌓은 쌓기나무: 2개
3층에 쌓은 쌓기나무: 1개
→ (1층에 쌓은 쌓기나무의 개수)
$=10-2-1=7(개)$
그림에서 1층에는 쌓기나무가 6개이므로 보이지 않는 부분에 쌓기나무가 1개 있습니다.

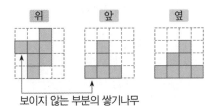

보이지 않는 부분의 쌓기나무

⇨ (색칠한 칸의 수)=7+5+7=19(칸)

유형 ⑱

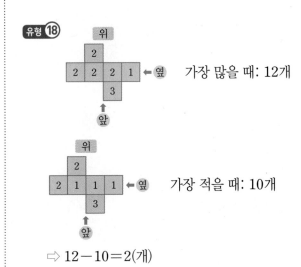

가장 많을 때: 12개

가장 적을 때: 10개

⇨ 12-10=2(개)

20
┌ 푸는 순서 ┐
❶ 쌓은 쌓기나무의 개수가 가장 많을 때의 개수 구하기
❷ 쌓은 쌓기나무의 개수가 가장 적을 때의 개수 구하기
❸ ❶과 ❷의 차 구하기

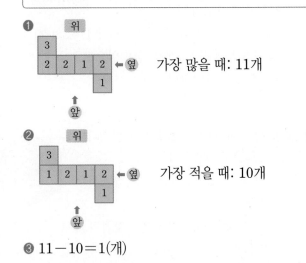

❶ 가장 많을 때: 11개

❷ 가장 적을 때: 10개

❸ 11-10=1(개)

3단원 종합

36 ~ 38쪽

1 다, 나   **2** 9

3 나, 다

4
옆
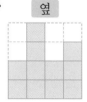

5
위

6 14   **7** 14

8 17   **9** 15

10 27   **11** 15

12 18

---

1 · 왼쪽 사진: 테니스공, 야구공, 축구공 순서로 보이
므로 다입니다.

· 오른쪽 사진: 야구공, 축구공, 테니스공 순서로 보
이므로 나입니다.

2 1층: 5개, 2층: 3개, 3층: 1개
⇨ (필요한 쌓기나무의 개수)=5+3+1=9(개)

3 가   라
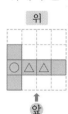

4 옆에서 보면 왼쪽에서부터 2층, 4층, 2층, 3층으로
보입니다.

5 위에서 본 모양은 1층 모양과 같습니다.

위

왼쪽 그림에서 △ 부분은 쌓기나무가
2층까지 있고 ○ 부분은 쌓기나무가
3층까지 있습니다.

앞

6 위에서 본 모양의 각 자리에 쌓은
쌓기나무의 개수를 써넣으면 오른
쪽과 같습니다.

위

⇨ (필요한 쌓기나무의 개수)
=2+2+3+1+3+1+2
=14(개)

옆

앞

7
(2층 이상에 쌓은 쌓기나무의 개수)
=(전체 쌓기나무의 개수)-(1층에 쌓은 쌓기나무의 개수)

(전체 쌓기나무의 개수)
=3+4+2+3+1+4+2+3+1=23(개)
(1층에 쌓은 쌓기나무의 개수)
=(바닥에 닿는 면의 사각형의 개수)=9개
⇨ 23-9=14(개)

8 1층에 6개, 2층에 5개, 3층에 2개가 남았으므로
(남은 쌓기나무의 개수)=6+5+2=13(개)
⇨ (빼낸 쌓기나무의 개수)=30-13=17(개)

주의

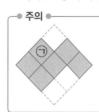 위에서 본 모양의 ㉠ 자리에 쌓은
쌓기나무 1개는 보이지 않음에 주
의합니다.

9
위
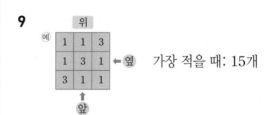   가장 적을 때: 15개
앞

10
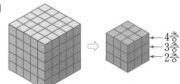

물감이 한 면도 묻지 않은 쌓기나무는
4층에 9개, 3층에 9개, 2층에 9개입니다.
⇨ 9+9+9=27(개)

11 주어진 모양은 1층: 6개, 2층: 4개,
3층: 2개로 오른쪽 모양과 같습니다.
(주어진 쌓기나무의 개수)
=6+4+2=12(개)

가장 작은 정육면체를 만들려면 한 모서리가 쌓기나
무 3개로 이루어져야 하므로
(가장 작은 정육면체 모양의 쌓기나무의 개수)
=3×3×3=27(개)
⇨ (더 필요한 쌓기나무의 개수)
=27-12=15(개)

12 2층에 쌓은 쌓기나무: 2개

3층에 쌓은 쌓기나무: 1개

→ (1층에 쌓은 쌓기나무의 개수)

＝12－2－1＝9(개)

그림에서 1층에는 쌓기나무가 8개이므로 보이지 않는 부분에 쌓기나무가 1개 있습니다.

빨간색 쌓기나무 3개를 빼낸 후 위, 앞, 옆에서 본 모양을 그리면 다음과 같습니다.

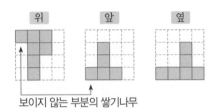

보이지 않는 부분의 쌓기나무

⇨ (색칠한 칸의 수)＝7＋5＋6＝18(칸)

4단원 기출 유형
정답률 **75%**이상

39 ~ 43쪽

유형① 42			
1 9		**2** 14	
유형② 35			
3 40		**4** 375, 625	
유형③ ⑤		**5** ㉡, ㉢	
유형④ 88		**6** 84	
유형⑤ 325		**7** 수정, 98	
유형⑥ 48		**8** 40	
유형⑦ 25			
9 5, 12		**10** ㉠	
유형⑧ 3			
11 4		**12** 2	
유형⑨ 180			
13 16 : 11		**14** 4 : 9	
유형⑩ 88			
15 110		**16** 13500	
유형⑪ 64		**17** 5	

유형① 비례식에서 외항의 곱과 내항의 곱은 같습니다.

$9 \times 28 = \square \times 6$, $252 = \square \times 6$, $\square = 42$

---

1 비례식에서 외항의 곱과 내항의 곱은 같습니다.

$7 \times \square = 3 \times 21$, $7 \times \square = 63$, $\square = 9$

● 다른 풀이 ●

비의 성질을 이용하여 $\square$ 안에 알맞은 수를 구할 수도 있습니다.

$7 : 3 = 21 : \square$에서

$7 : 3 \Rightarrow (7 \times 3) : (3 \times 3) \Rightarrow 21 : 9$이므로

$\square = 9$입니다.

2 비례식에서 외항의 곱과 내항의 곱은 같습니다.

내항의 곱이 70이므로 외항의 곱도 $5 \times ● = 70$입니다.

⇨ $● = 70 \div 5 = 14$

유형② (미애가 가진 색종이의 수)

$= 60 \times \dfrac{7}{7+5} = 60 \times \dfrac{7}{12} = 35$(장)

3 (희경이가 가진 연필의 수)

$= 65 \times \dfrac{8}{5+8} = 65 \times \dfrac{8}{13} = 40$(자루)

4 (준호가 마실 수 있는 우유의 양)

$= 1000 \times \dfrac{3}{3+5} = 1000 \times \dfrac{3}{8} = 375$ (mL)

(지수가 마실 수 있는 우유의 양)

$= 1000 \times \dfrac{5}{3+5} = 1000 \times \dfrac{5}{8} = 625$ (mL)

유형③ 외항의 곱과 내항의 곱이 같은 것을 찾습니다.

① $2 \times 8 = 16$, $1 \times 4 = 4$ (×)

② $0.4 \times 1 = 0.4$, $1.6 \times 4 = 6.4$ (×)

③ $30 \times 10 = 300$, $3 \times 1 = 3$ (×)

④ $15 \times 15 = 225$, $7 \times 7 = 49$ (×)

⑤ $\dfrac{2}{5} \times 3 = \dfrac{6}{5} = 1\dfrac{1}{5}$, $\dfrac{3}{5} \times 2 = \dfrac{6}{5} = 1\dfrac{1}{5}$ (○)

5 외항의 곱과 내항의 곱이 같은 것을 모두 찾습니다.

㉠ $3 \times 11 = 33$, $5 \times 9 = 45$ (×)

㉡ $2.5 \times 4 = 10$, $2 \times 5 = 10$ (○)

㉢ $15 \times 4 = 60$, $2 \times 30 = 60$ (○)

㉣ $\dfrac{1}{4} \times 3 = \dfrac{3}{4}$, $\dfrac{1}{6} \times 2 = \dfrac{1}{3}$ (×)

유형 ④ 처음 주머니에 있던 구슬을 □개라 하면

$\square \times \dfrac{8}{8+3}=64$, $\square \times \dfrac{8}{11}=64$,

$\square =64 \div \dfrac{8}{11}=64 \times \dfrac{11}{8}=88$

⇨ 처음 주머니에 있던 구슬은 88개입니다.

6 처음 상자에 있던 귤을 □개라 하면

$\square \times \dfrac{9}{9+5}=54$, $\square \times \dfrac{9}{14}=54$,

$\square =54 \div \dfrac{9}{14}=54 \times \dfrac{14}{9}=84$

⇨ 처음 상자에 있던 귤은 84개입니다.

유형 ⑤ 5 : 13에서 13이 더 크므로 줄넘기를 둘째 날에 더 많이 넘었습니다.

(둘째 날 넘은 줄넘기의 횟수)

$=450 \times \dfrac{13}{5+13}=450 \times \dfrac{13}{18}=325$(번)

7 7 : 13에서 7이 더 작으므로 수정이가 과자를 더 적게 가졌습니다.

(수정이가 가진 과자의 개수)

$=280 \times \dfrac{7}{7+13}=280 \times \dfrac{7}{20}=98$(개)

> ● 참고 ●
>
> ●를 ■ : ▲로 나누면 ■＞▲일 때 ● × $\dfrac{▲}{■+▲}$ 가 더 작습니다.

유형 ⑥ 삼각형 ㄱㄴㄹ과 삼각형 ㄱㄹㄷ의 높이가 같으므로 넓이의 비는 밑변의 길이의 비와 같습니다.

(삼각형 ㄱㄴㄹ의 넓이)

$=88 \times \dfrac{6}{6+5}=88 \times \dfrac{6}{11}=48$ (cm²)

8 삼각형 ㄹㅁㅅ과 삼각형 ㄹㅅㅂ의 높이가 같으므로 넓이의 비는 밑변의 길이의 비와 같습니다.

(삼각형 ㄹㅅㅂ의 넓이)

$=72 \times \dfrac{5}{4+5}=72 \times \dfrac{5}{9}=40$ (cm²)

유형 ⑦ 비의 전항과 후항에 0이 아닌 같은 수를 곱하여도 비율은 같습니다.

5 : 4.8 ⇨ (5×5) : (4.8×5) ⇨ 25 : 24
　　　　　　　　　　　전항　후항

9 비의 전항과 후항에 0이 아닌 같은 수를 곱하여도 비율은 같습니다.

두 분모의 4와 5의 최소공배수인 20을 곱합니다.

$\dfrac{1}{4} : \dfrac{3}{5}$ ⇨ $\left(\dfrac{1}{4}\times 20\right) : \left(\dfrac{3}{5}\times 20\right)$ ⇨ 5 : 12
　　　　　　　　　　　　　　　　　전항　후항

10 ㉠ $1.6 : \dfrac{7}{10}$ ⇨ 1.6 : 0.7 ⇨ (1.6×10) : (0.7×10)

⇨ 16 : ⑦

→ 후항: 7

㉡ $4 : 2\dfrac{1}{4}$ ⇨ $4 : \dfrac{9}{4}$ ⇨ $(4\times 4) : \left(\dfrac{9}{4}\times 4\right)$ ⇨ 16 : ⑨

→ 후항: 9

따라서 7＜9이므로 후항이 더 작은 것은 ㉠입니다.

유형 ⑧ 18 : 30을 가장 간단한 자연수의 비로 나타내면

18 : 30 ⇨ (18÷6) : (30÷6) ⇨ 3 : 5

전항과 후항이 자연수이고 3 : 5와 비율이 같은 비는

3 : 5 ⇨ (3×2) : (5×2) ⇨ 6 : 10

3 : 5 ⇨ (3×3) : (5×3) ⇨ 9 : 15

3 : 5 ⇨ (3×4) : (5×4) ⇨ 12 : 20

따라서 전항이 10보다 작은 수인 경우는

3 : 5, 6 : 10, 9 : 15로 모두 3개입니다.

11 80 : 32를 가장 간단한 자연수의 비로 나타내면

80 : 32 ⇨ (80÷16) : (32÷16) ⇨ 5 : 2

전항과 후항이 자연수이고 5 : 2와 비율이 같은 비는

5 : 2 ⇨ (5×2) : (2×2) ⇨ 10 : 4

5 : 2 ⇨ (5×3) : (2×3) ⇨ 15 : 6

5 : 2 ⇨ (5×4) : (2×4) ⇨ 20 : 8

5 : 2 ⇨ (5×5) : (2×5) ⇨ 25 : 10

따라서 후항이 10보다 작은 수인 경우는

5 : 2, 10 : 4, 15 : 6, 20 : 8로 모두 4개입니다.

12 [전략 가이드]

> 비율 $\dfrac{▲}{■}$ 는 비 ▲ : ■임을 이용하여 답을 구합니다.

비율이 $\dfrac{7}{6}$ 인 비는 7 : 6입니다.

7 : 6 ⇨ (7×2) : (6×2) ⇨ 14 : 12

7 : 6 ⇨ (7×3) : (6×3) ⇨ 21 : 18

따라서 전항과 후항이 20보다 작은 자연수로 이루어진 비는 7 : 6, 14 : 12로 모두 2개입니다.

유형 ⑨ (희정) : (진수) $\Rightarrow 1\dfrac{1}{5} : 2\dfrac{2}{3} \Rightarrow \dfrac{6}{5} : \dfrac{8}{3}$

$\Rightarrow \left(\dfrac{6}{5} \times 15\right) : \left(\dfrac{8}{3} \times 15\right) \Rightarrow 18 : 40$

$\Rightarrow (18 \div 2) : (40 \div 2) \Rightarrow 9 : 20$

따라서 ㉠ : ㉡ = 9 : 20이므로

㉠ × ㉡ = 9 × 20 = 180입니다.

13 (주스) : (생수) $\Rightarrow 2.4 : 1\dfrac{13}{20} \Rightarrow \dfrac{24}{10} : \dfrac{33}{20}$

$\Rightarrow \left(\dfrac{24}{10} \times 20\right) : \left(\dfrac{33}{20} \times 20\right) \Rightarrow 48 : 33$

$\Rightarrow (48 \div 3) : (33 \div 3) \Rightarrow 16 : 11$

> ● 다른 풀이 ●
>
> (주스) : (생수)
>
> $\Rightarrow 2.4 : 1\dfrac{13}{20} \Rightarrow 2.4 : 1.65$
>
> $\Rightarrow (2.4 \times 100) : (1.65 \times 100) \Rightarrow 240 : 165$
>
> $\Rightarrow (240 \div 15) : (165 \div 15) \Rightarrow 16 : 11$

14 (연두색 테이프의 길이) = 2.6 − 0.8 = 1.8 (m)

(분홍색 테이프) : (연두색 테이프)

$\Rightarrow 0.8 : 1.8 \Rightarrow (0.8 \times 10) : (1.8 \times 10) \Rightarrow 8 : 18$

$\Rightarrow (8 \div 2) : (18 \div 2) \Rightarrow 4 : 9$

유형 ⑩ 직사각형의 세로를 □cm라 하면

$7 : 4 = 28 : □$

$\rightarrow 7 \times □ = 4 \times 28, \; 7 \times □ = 112, \; □ = 16$

$\Rightarrow$ (직사각형의 둘레) = ((가로) + (세로)) × 2

$= (28 + 16) \times 2$

$= 44 \times 2 = 88 \text{ (cm)}$

15 직사각형의 가로를 □cm라 하면

$3 : 8 = □ : 40$

$\rightarrow 3 \times 40 = 8 \times □, \; 120 = 8 \times □, \; □ = 15$

$\Rightarrow$ (직사각형의 둘레) = ((가로) + (세로)) × 2

$= (15 + 40) \times 2$

$= 55 \times 2 = 110 \text{ (cm)}$

16 푸는 순서

❶ 구하려고 하는 것을 □라 하고 비례식을 세우기

❷ □의 값 구하기

❸ 화단의 넓이 구하기

---

❶ 화단의 세로를 □cm라 하면 $20 : 3 = 300 : □$

❷ $20 \times □ = 3 \times 300, \; 20 \times □ = 900, \; □ = 45$

❸ (화단의 넓이) = (가로) × (세로)

$= 300 \times 45 = 13500 \text{ (cm}^2\text{)}$

유형 ⑪ (㉮의 톱니 수) : (㉯의 톱니 수)

$\Rightarrow 32 : 12 \Rightarrow (32 \div 4) : (12 \div 4) \Rightarrow 8 : 3$

이므로 ㉮와 ㉯의 회전수의 비는 3 : 8입니다.

㉮가 24바퀴 도는 동안 ㉯가 □바퀴 돈다고 하면

$3 : 8 = 24 : □$

$\rightarrow 3 \times □ = 8 \times 24, \; 3 \times □ = 192, \; □ = 64$

$\Rightarrow$ 톱니바퀴 ㉯는 64바퀴 돕니다.

17 (㉮의 톱니 수) : (㉯의 톱니 수)

$\Rightarrow 18 : 24 \Rightarrow (18 \div 6) : (24 \div 6) \Rightarrow 3 : 4$

이므로 ㉮와 ㉯의 회전수의 비는 4 : 3입니다.

㉯가 15바퀴 도는 동안 ㉮는 □바퀴 돈다고 하면

$4 : 3 = □ : 15$

$\rightarrow 4 \times 15 = 3 \times □, \; 60 = 3 \times □, \; □ = 20$

따라서 톱니바퀴 ㉮는 20바퀴 돕니다.

$\Rightarrow$ (톱니바퀴 ㉮와 ㉯의 회전수의 차)

$= 20 - 15 = 5$(바퀴)

4단원 기출 유형 정답률 **55%**이상

44 ~ 45쪽

유형 ⑫ 31		**18** 14 : 15	
유형 ⑬ 104		**19** 78	
유형 ⑭ 30		**20** 21	
유형 ⑮ 3		**21** 1, 2	

유형 ⑫ ㉮의 $\dfrac{3}{8}$과 ㉯의 $\dfrac{2}{5}$가 같으므로

㉮ × $\dfrac{3}{8}$ = ㉯ × $\dfrac{2}{5}$

㉮ : ㉯ $\Rightarrow \dfrac{2}{5} : \dfrac{3}{8} \Rightarrow \left(\dfrac{2}{5} \times 40\right) : \left(\dfrac{3}{8} \times 40\right)$

$\Rightarrow 16 : 15$

따라서 ㉠ : ㉡ = 16 : 15이므로

㉠ + ㉡ = 16 + 15 = 31입니다.

18 40 %를 분수로 나타내면 $\dfrac{40}{100}=\dfrac{2}{5}$입니다.

㉮의 $\dfrac{3}{7}$과 ㉯의 40 %$\left(=\dfrac{2}{5}\right)$가 같으므로

$㉮ \times \dfrac{3}{7} = ㉯ \times \dfrac{2}{5}$

$㉮ : ㉯ \Rightarrow \dfrac{2}{5} : \dfrac{3}{7} \Rightarrow \left(\dfrac{2}{5}\times 35\right):\left(\dfrac{3}{7}\times 35\right)$

$\Rightarrow 14 : 15$

유형 ⑬ (갑) : (을) $\Rightarrow$ 250만 : 400만

$\Rightarrow$ (250만÷50만) : (400만÷50만)

$\Rightarrow 5 : 8$

전체 이익금을 □원이라 하면

$□ \times \dfrac{5}{5+8}=40만, □ \times \dfrac{5}{13}=40만,$

$□=40만÷\dfrac{5}{13}=40만\times\dfrac{13}{5}=104만$

19 (㉮ 회사) : (㉯ 회사)

$\Rightarrow$ 60만 : 135만

$\Rightarrow$ (60만÷15만) : (135만÷15만) $\Rightarrow 4 : 9$

전체 이익금을 □원이라 하면

$□ \times \dfrac{4}{4+9}=24만, □ \times \dfrac{4}{13}=24만,$

$□=24만÷\dfrac{4}{13}=24만\times\dfrac{13}{4}=78만$

유형 ⑭ 처음 미술반의 남학생을 (3×□)명, 여학생을 (2×□)명이라 하면 오늘 남학생 6명이 새로 들어와서 남학생과 여학생 수의 비가 2 : 1이 되었으므로

$(3\times□+6):(2\times□)=2:1$

$\rightarrow 3\times□+6=\underbrace{(2\times□)\times 2,}_{2\times□+2\times□}$

$3\times□+6=4\times□, □=6$

(처음 미술반의 남학생 수)=3×6=18(명),

(처음 미술반의 여학생 수)=2×6=12(명)

$\Rightarrow$ (처음 미술반의 학생 수)=18+12=30(명)

20 **전략 가이드**

(연필의 수) : (색연필의 수)=5 : 2이므로 연필의 수를 5×□, 색연필의 수를 2×□라 하고 식을 세웁니다.

어제 성우가 가지고 있던 연필을 (5×□)자루, 색연필을 (2×□)자루라 하면 오늘 연필 9자루를 더 샀더니 연필과 색연필 수의 비가 4 : 1이 되었으므로

$(5\times□+9):2\times□=4:1$

$\rightarrow 5\times□+9=\underbrace{(2\times□)\times 4,}_{2\times□+2\times□+2\times□+2\times□}$

$5\times□+9=8\times□, 9=3\times□, □=3$

(어제 성우가 가지고 있던 연필의 수)

$=5\times 3=15(자루)$

(어제 성우가 가지고 있던 색연필의 수)

$=2\times 3=6(자루)$

$\Rightarrow$ (어제 성우가 가지고 있던 연필과 색연필의 수)

$=15+6=21(자루)$

유형 ⑮ $\dfrac{㉰}{㉮}:\dfrac{㉰}{㉯}=3:1$에서 ㉰는 0이 아니므로 각 항을 ㉰로 나누면

$\dfrac{㉰}{㉮}:\dfrac{㉰}{㉯} \Rightarrow \left(\dfrac{㉰}{㉮}÷㉰\right):\left(\dfrac{㉰}{㉯}÷㉰\right) \Rightarrow \dfrac{1}{㉮}:\dfrac{1}{㉯}$

㉮와 ㉯가 0이 아니므로 각 항에 ㉮×㉯를 곱하면

$\dfrac{1}{㉮}:\dfrac{1}{㉯} \Rightarrow \left(\dfrac{1}{㉮}\times㉮\times㉯\right):\left(\dfrac{1}{㉯}\times㉮\times㉯\right)$

$\Rightarrow ㉯ : ㉮$

㉯ : ㉮=3 : 1이므로 ㉯=3×■, ㉮=■라 하면

$\dfrac{㉯}{㉮}+\dfrac{㉮}{㉯}=\dfrac{3\times■}{■}+\dfrac{■}{3\times■}=3+\dfrac{1}{3}=3\dfrac{1}{3}$

$\Rightarrow \dfrac{㉯}{㉮}+\dfrac{㉮}{㉯}>□$에서 $3\dfrac{1}{3}>□$이므로 □ 안에 들어갈 수 있는 자연수는 1, 2, 3으로 모두 3개입니다.

21 $\dfrac{㉰}{㉮}:\dfrac{㉰}{㉯}=2:5$에서 ㉰는 0이 아니므로 각 항을 ㉰로 나누면

$\dfrac{㉰}{㉮}:\dfrac{㉰}{㉯} \Rightarrow \left(\dfrac{㉰}{㉮}÷㉰\right):\left(\dfrac{㉰}{㉯}÷㉰\right) \Rightarrow \dfrac{1}{㉮}:\dfrac{1}{㉯}$

㉮와 ㉯가 0이 아니므로 각 항에 ㉮×㉯를 곱하면

$\dfrac{1}{㉮}:\dfrac{1}{㉯} \Rightarrow \left(\dfrac{1}{㉮}\times㉮\times㉯\right):\left(\dfrac{1}{㉯}\times㉮\times㉯\right)$

$\Rightarrow ㉯ : ㉮$

㉯ : ㉮=2 : 5이므로 ㉯=2×■, ㉮=5×■라 하면

$\dfrac{㉯}{㉮}+\dfrac{㉮}{㉯}=\dfrac{2\times■}{5\times■}+\dfrac{5\times■}{2\times■}=\dfrac{2}{5}+\dfrac{5}{2}$

$=\dfrac{2}{5}+2\dfrac{1}{2}=\dfrac{4}{10}+2\dfrac{5}{10}=2\dfrac{9}{10}$

$\Rightarrow \dfrac{㉯}{㉮}+\dfrac{㉮}{㉯}>□$에서 $2\dfrac{9}{10}>□$이므로 □ 안에 들어갈 수 있는 자연수는 1, 2입니다.

4단원 종합

46 ~ 48쪽

1 ①	**2** ②
3 2	**4** 12
5 9	**6** 8
7 300	**8** 5 : 4
9 288	**10** 40
11 30	**12** 128

1 비의 전항과 후항에 0이 아닌 같은 수를 곱하여도 비율은 같습니다.

2
전략 가이드
외항의 곱과 내항의 곱이 같은지 확인합니다.

① $5 \times 24 = 120$, $6 \times 20 = 120$ (○)

② $\frac{1}{3} \times 4 = \frac{4}{3} = 1\frac{1}{3}$, $\frac{1}{4} \times 3 = \frac{3}{4}$ (×)

③ $50 \times 1 = 50$, $2 \times 25 = 50$ (○)

④ $0.03 \times 7 = 0.21$, $0.07 \times 3 = 0.21$ (○)

⑤ $5 \times 27 = 135$, $9 \times 15 = 135$ (○)

3 비의 전항과 후항에 0이 아닌 같은 수를 곱하여도 비율은 같습니다.

$0.5 : 1\frac{3}{4} \Rightarrow 0.5 : 1.75$

$\Rightarrow (0.5 \times 100) : (1.75 \times 100)$

$\Rightarrow 50 : 175$

후항이 7이 되려면 전항과 후항을 25로 나누어야 하므로

$50 : 175 \Rightarrow (50 \div 25) : (175 \div 25) \Rightarrow 2 : 7$
전항

4 비례식에서 외항의 곱과 내항의 곱은 같습니다.

$4 \times 60 = (3 + \square) \times 16,$

$240 = (3 + \square) \times 16,$

$3 + \square = 240 \div 16,$

$3 + \square = 15,$

$\square = 12$

5 하루는 24시간입니다.

$\Rightarrow$ (밤의 길이)$= 24 \times \frac{3}{5+3}$

$= 24 \times \frac{3}{8} = 9$(시간)

6 평행사변형 ㄱㄴㅂㅁ과 평행사변형 ㅁㅂㄷㄹ의 높이가 같으므로 넓이의 비는 밑변의 길이의 비와 같습니다.

(평행사변형 ㅁㅂㄷㄹ의 넓이)

$= 112 \times \frac{5}{2+5} = 112 \times \frac{5}{7} = 80 \,(\text{cm}^2)$

$\Rightarrow$ (높이)$=$(평행사변형의 넓이)$\div$(밑변의 길이)

$= 80 \div 10 = 8 \,(\text{cm})$

7 1시간 24분$=$84분이므로 수도꼭지를 1시간 24분 동안 틀어 놓았을 때 나오는 물의 양을 $\square$L라 하면

$7 : 25 = 84 : \square$

$\rightarrow 7 \times \square = 25 \times 84$, $7 \times \square = 2100$, $\square = 300$

8 (영서) : (준희) $\Rightarrow \frac{1}{4} : \frac{1}{5} \Rightarrow \left(\frac{1}{4} \times 20\right) : \left(\frac{1}{5} \times 20\right)$

$\Rightarrow 5 : 4$

주의
전체 책의 양을 1이라고 할 때 한 시간 동안 읽은 책의 양은 영서가 $\frac{1}{4}$, 준희가 $\frac{1}{5}$이므로 $\frac{1}{4} : \frac{1}{5}$입니다. 이것을 읽은 시간의 비로 생각하여 4 : 5로 나타내지 않도록 주의합니다.

9
푸는 순서
❶ 소고기 판매량과 돼지고기 판매량을 가장 간단한 자연수의 비로 나타내기
❷ 소고기와 돼지고기 판매량의 합 구하기

❶ (소고기 판매량) : (돼지고기 판매량)

$\Rightarrow 10 : 14 \Rightarrow (10 \div 2) : (14 \div 2) \Rightarrow 5 : 7$

❷ 소고기와 돼지고기 판매량의 합을 $\square$kg이라 하면

$\square \times \frac{5}{5+7} = 120$, $\square \times \frac{5}{12} = 120$,

$\square = 120 \div \frac{5}{12} = 120 \times \frac{12}{5} = 288$

10 전략 가이드

두 도형에서 겹쳐진 부분의 넓이는 같음을 이용합니다.

겹쳐진 부분의 넓이를 ㉯의 $\square$라 하면

㉮의 $\dfrac{1}{4}$과 ㉯의 $\square$가 같으므로

㉮$\times\dfrac{1}{4}=$㉯$\times\square$

㉮ : ㉯$=\square : \dfrac{1}{4}$이고 ㉮ : ㉯$=8 : 5$이므로

$\square : \dfrac{1}{4}=8 : 5$

$\rightarrow \square\times 5=\dfrac{1}{4}\times 8$, $\square\times 5=2$,

$\square=2\div 5=\dfrac{2}{5}$

$\Rightarrow \dfrac{2}{5}\times 100=40\,(\%)$

---

11 진경이가 가지고 있는 딱지 수를 $\square$장이라 하면

$180 : \square=9 : 4$

$\rightarrow 180\times 4=\square\times 9$, $720=\square\times 9$, $\square=80$

친구들에게 나누어 준 딱지 수를 $\triangle$장이라 하면

$(180-\triangle) : (80-\triangle)=3 : 1$

$\rightarrow 180-\triangle=\underline{(80-\triangle)\times 3}$,
　　　　　　　　↳$80-\triangle+80-\triangle+80-\triangle$

$180-\triangle=240-\triangle\times 3$,

$\triangle\times 2=60$, $\triangle=30$

---

12 (B가 투자한 금액)$=100$만$\times 1\dfrac{1}{4}$

$=100$만$\times\dfrac{5}{4}$

$=125$만 (원)

A : B $\Rightarrow 100$만 : 125만

$\Rightarrow (100$만$\div 25$만$) : (125$만$\div 25$만$)$

$\Rightarrow 4 : 5$

이익금의 비는 투자한 금액의 비와 같으므로 A가
돌려받을 금액을 $\square$원이라 하면

$4 : 5=\square : 160$만

$\rightarrow 4\times 160$만$=5\times\square$, 640만$=5\times\square$, $\square=128$만

$\Rightarrow$ A가 돌려받을 금액은 128만 원입니다.

실전 모의고사 1회

1	6	**2**	③
3	18	**4**	2
5	20	**6**	5
7	9	**8**	11
9	35	**10**	6
11	28	**12**	20
13	33	**14**	24
15	100	**16**	9
17	31	**18**	160
19	4	**20**	432
21	38	**22**	80
23	55	**24**	648
25	11		

---

1 $2\dfrac{1}{4}\div\dfrac{3}{8}=\dfrac{9}{4}\div\dfrac{3}{8}=\dfrac{\overset{3}{\cancel{9}}}{\cancel{4}}\times\dfrac{\overset{2}{\cancel{8}}}{\underset{1}{\cancel{3}}}=6$

2 집 뒤에 나무가 있고 집 오른쪽에 건물이 있으므로
③에서 찍은 것입니다.

3 $8.28\div 0.46=828\div 46=18$

4 $\dfrac{3}{5}>\dfrac{3}{7}>\dfrac{3}{10}$이므로 $\dfrac{3}{5}\div\dfrac{3}{10}=\dfrac{\cancel{3}}{\underset{1}{\cancel{5}}}\times\dfrac{\overset{2}{\cancel{10}}}{\underset{1}{\cancel{3}}}=2$

참고
분자가 같은 분수는 분모가 작을수록 큰 수입니다.

5 외항은 ㉠과 4이고 ㉠$+4=19$이므로 ㉠$=15$입니다.
$15 : ㉡=3 : 4$
$\rightarrow 15\times 4=㉡\times 3$, $60=㉡\times 3$, $㉡=20$

6 3층에 쌓은 쌓기나무의 개수는 3 이상의 수가 쓰여
있는 칸 수이므로 5개입니다.

7 $\square\times\dfrac{4}{7}=5\dfrac{1}{7}$

$\Rightarrow\square=5\dfrac{1}{7}\div\dfrac{4}{7}=\dfrac{36}{7}\div\dfrac{4}{7}=36\div 4=9$

정답 및 풀이

8 (집~학교) : (집~은행)

$\Rightarrow 3.5 : 4\frac{1}{5} \Rightarrow 3.5 : 4.2$

$\Rightarrow (3.5 \times 10) : (4.2 \times 10) \Rightarrow 35 : 42$

$\Rightarrow (35 \div 7) : (42 \div 7) \Rightarrow 5 : 6$

따라서 ㉠ : ㉡=5 : 6이므로

㉠+㉡=5+6=11입니다.

9 1층: 25개, 2층: 9개, 3층: 1개

$\Rightarrow$ (사용한 쌓기나무의 개수)=25+9+1=35(개)

10 $㉠ \div \frac{1}{7}=14$, $㉠ \times 7=14$, $㉠=2$

$㉡ \div \frac{1}{3}=12$, $㉡ \times 3=12$, $㉡=4$

$\Rightarrow ㉠+㉡=2+4=6$

11 $43.2 \div 1.8 = 432 \div 18 = 24$

$66.08 \div 2.36 = 6608 \div 236 = 28$

$\Rightarrow 24 < 28$

12 푸는 순서

❶ 형에게 주고 남은 공책의 수 구하기
❷ 동생이 가진 공책의 수 구하기

❶ (형에게 주고 남은 공책의 수)$=75 \times \frac{2}{3}=50$(권)

❷ (동생이 가진 공책의 수)

$=50 \times \frac{2}{3+2}=50 \times \frac{2}{5}=20$(권)

13 $㉠\ 21 \div \frac{7}{9}=(21 \div 7) \times 9=27$

$㉡\ 8\frac{2}{3} \div 1\frac{4}{9}=\frac{26}{3} \div \frac{13}{9}=\frac{\overset{2}{\cancel{26}}}{\cancel{3}_{1}} \times \frac{\overset{3}{\cancel{9}}}{\cancel{13}_{1}}=6$

$\Rightarrow ㉠+㉡=27+6=33$

14 은주가 받은 연필을 □자루라 하면 성우가 받은 연필은 (□−15)자루이므로 8 : 3=□ : (□−15)

→ $8 \times (□-15)=3 \times □$, $8 \times □-120=3 \times □$,

$5 \times □=120$, $□=24$

15 $210 \div 8.4 = 25$ → ㉠=25

$0.21 \div 0.84 = 0.25$ → ㉡=0.25

$\Rightarrow 25 \div 0.25 = 100$이므로 ㉠은 ㉡의 100배입니다.

16

$\Rightarrow$ 9가지

17 $38.61 \div 2.7 = 14.3$, $58.65 \div 3.45 = 17$

$14.3 < □ < 17$이므로 □ 안에 들어갈 수 있는 자연수는 15, 16입니다.

$\Rightarrow 15+16=31$

18 문제집을 풀고 남은 부분은 전체의 $1-0.85=0.15$이므로 전체를 □쪽이라 하면 $□ \times 0.15=24$입니다.

→ $□=24 \div 0.15=160$

$\Rightarrow$ 영철이가 풀고 있는 문제집의 전체 쪽수는 160쪽입니다.

19 $89.53 \div 7.4 = 12.09864864\cdots$이므로 몫의 소수 셋째 자리부터 8, 6, 4가 반복됩니다. 따라서 몫의 소수 53째 자리 숫자는 4이고 소수 78째 자리 숫자는 8입니다.

$\Rightarrow 8-4=4$

20 (가로)+(세로)=(둘레)$\div 2=84 \div 2=42$ (cm)

(가로)$=42 \times \frac{4}{4+3}=42 \times \frac{4}{7}=24$ (cm)

(세로)$=42 \times \frac{3}{4+3}=42 \times \frac{3}{7}=18$ (cm)

$\Rightarrow$ (도화지의 넓이)=(가로)×(세로)

$=24 \times 18$

$=432$ (cm²)

21 (도로의 한쪽에 심는 나무의 수)

=(간격의 수)+1

$=6\frac{3}{4} \div \frac{3}{8}+1=\frac{27}{4} \div \frac{3}{8}+1=\frac{\overset{9}{\cancel{27}}}{\cancel{4}_{1}} \times \frac{\overset{2}{\cancel{8}}}{\cancel{3}_{1}}+1$

$=18+1=19$(그루)

$\Rightarrow$ (도로의 양쪽에 심을 나무의 수)

$=19 \times 2=38$(그루)

22 (여학생 수)$=1320\times\dfrac{5}{6+5}$

$\qquad\qquad\quad=1320\times\dfrac{5}{11}=600$(명)

(전학을 간 후의 남학생 수)

$=1320-600=720$(명)

전학을 가기 전 전체 학생 수를 □명이라 하면

$\square\times\dfrac{3}{4+3}=600,\ \square\times\dfrac{3}{7}=600,$

$\square=600\div\dfrac{3}{7}=(600\div3)\times7=1400$

(전학을 가기 전 남학생 수)

$=1400-600=800$(명)

⇨ (전학을 간 남학생 수)$=800-720=80$(명)

23 위, 앞, 옆에서 본 모양을 보고 쌓기나무를 쌓으면 오른쪽과 같습니다.

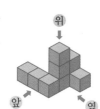

1층: 6개, 2층: 2개, 3층: 1개

(주어진 쌓기나무의 개수)

$=6+2+1=9$(개)

가장 작은 정육면체를 만들려면 한 모서리가 쌓기나무 4개로 이루어져야 하므로

(가장 작은 정육면체 모양의 쌓기나무의 개수)

$=4\times4\times4=64$(개)

⇨ (더 필요한 쌓기나무의 개수)

$\qquad=64-9=55$(개)

24 6명이 6시간씩 12일 동안 한 일과 10명이 □시간씩

$20-12=8$(일) 동안 하는 일의 양의 비는

$\dfrac{1}{3}:\dfrac{2}{3}=1:2$입니다.

$(6\times6\times12):(10\times\square\times8)=1:2$

→ $6\times6\times12\times2=10\times\square\times8,$

$864=80\times\square,\ \square=10.8$

⇨ 10.8시간$=10\dfrac{8}{10}$시간$=10\dfrac{48}{60}$시간

$\qquad\qquad=10$시간 48분$=648$분

• **참고** •

1시간$=60$분이므로 $\dfrac{\blacksquare}{60}$시간$=\blacksquare$분입니다.

25 쌓기나무로 가장 적게 쌓을 때와 가장 많이 쌓을 때를 알아보면 다음과 같습니다. 즉, 쌓을 수 있는 쌓기나무는 최소 9개, 최대 13개로 쌓았을 때입니다.

① 9개로 쌓을 수 있는 방법: 1가지

② 10개로 쌓을 수 있는 방법:

$\to$ 2가지

③ 11개로 쌓을 수 있는 방법:

$\to$ 4가지

④ 12개로 쌓을 수 있는 방법:

$\to$ 3가지

⑤ 13개로 쌓을 수 있는 방법: 1가지

⇨ $1+2+4+3+1=11$(가지)

실전 모의고사 **2**회

55 ~ 60쪽	
1 ②	**2** 14
3 11	**4** 3
5 ④	**6** 32
7 18	**8** 24
9 ③	**10** 9
11 9	**12** 294
13 3	**14** 8
15 3	**16** 91
17 4	**18** 13
19 6	**20** 9
21 3	**22** 3
23 27	**24** 420
25 23	

1 ① $4 \times 14 = 56$, $7 \times 8 = 56$ (○)
② $2 \times 10 = 20$, $5 \times 7 = 35$ (×)
③ $3 \times 18 = 54$, $2 \times 27 = 54$ (○)
④ $9 \times 12 = 108$, $6 \times 18 = 108$ (○)
⑤ $7 \times 12 = 84$, $3 \times 28 = 84$ (○)

2
$$4.8\,\overline{)\,67.2}\quad =14$$
$$\begin{array}{r} 1\,4 \\ 4.8\,)\overline{6\,7.2} \\ 4\,8 \\ \hline 1\,9\,2 \\ 1\,9\,2 \\ \hline 0 \end{array}$$

3 1층: 7개, 2층: 3개, 3층: 1개
⇨ (필요한 쌓기나무의 개수)
$= 7 + 3 + 1 = 11$(개)

4 $\dfrac{9}{17} > \dfrac{3}{17}$이므로 $\dfrac{9}{17} \div \dfrac{3}{17} = 9 \div 3 = 3$입니다.

5 $81 \div \bigcirc = 21.6$, $\bigcirc = 81 \div 21.6 = 3.75$

6 $8 \div \dfrac{1}{4} = 8 \times 4 = 32$(도막)

7 전략 가이드
□+2=△라 하고 비례식의 성질을 이용하여 구합니다.

□+2=△라 하면 $5 : 4 = 25 : \triangle$
→ $5 \times \triangle = 4 \times 25$, $5 \times \triangle = 100$, $\triangle = 20$
⇨ □+2=20, □$= 20 - 2 = 18$

8 영민 – 1층: 6개, 2층: 4개, 3층: 2개
(사용한 쌓기나무의 개수)
$= 6 + 4 + 2 = 12$(개)
경현 – 1층: 7개, 2층: 4개, 3층: 1개
(사용한 쌓기나무의 개수)
$= 7 + 4 + 1 = 12$(개)
⇨ $12 + 12 = 24$(개)

9 ① $22.4 \div 1.4 = 224 \div 14 = 16$
② $32.25 \div 2.15 = 3225 \div 215 = 15$
③ $64.01 \div 3.7 = 640.1 \div 37 = 17.3$
④ $49 \div 3.5 = 490 \div 35 = 14$
⑤ $55.9 \div 4.3 = 559 \div 43 = 13$
⇨ $17.3 > 16 > 15 > 14 > 13$이므로 몫이 가장 큰 것은 ③입니다.

10 (모래) : (소금) ⇨ $15 : 20$
⇨ $(15 \div 5) : (20 \div 5)$ ⇨ $3 : 4$
(모래의 무게) $= 21 \times \dfrac{3}{3+4} = 21 \times \dfrac{3}{7} = 9$ (kg)

11 앞에서 보았을 때 보이는 쌓기나무는 각 줄에서 가장 높게 쌓인 자리의 쌓기나무의 개수와 같습니다.
⇨ $3 + 1 + 2 + 3 = 9$(개)

12 높이를 □cm라 하면 $4 : 3 = 28 : \square$
→ $4 \times \square = 3 \times 28$, $4 \times \square = 84$, □$= 21$
⇨ (삼각형의 넓이) $= 28 \times 21 \div 2 = 294$ (cm^2)

13 $3\dfrac{3}{4} \div \dfrac{\square}{8} = \dfrac{15}{4} \div \dfrac{\square}{8} = \dfrac{15}{\underset{1}{4}} \times \dfrac{\overset{2}{8}}{\square} = \dfrac{30}{\square}$

$1\dfrac{2}{3} \div \dfrac{5}{24} = \dfrac{5}{3} \div \dfrac{5}{24} = \dfrac{\overset{1}{5}}{\underset{1}{3}} \times \dfrac{\overset{8}{24}}{\underset{1}{5}} = 8$

⇨ $\dfrac{30}{\square} > 8$에서 □ 안에 들어갈 수 있는 자연수는 1, 2, 3이므로 모두 3개입니다.

14 푸는 순서
❶ 몫의 소수점 아래 숫자가 반복되는 규칙 찾기
❷ 몫의 소수 27째 자리 숫자 구하기

❶ $49.78 \div 5.4 = 9.2185185\cdots\cdots$이므로 몫의 소수 둘째 자리부터 1, 8, 5가 반복됩니다.
❷ 몫의 소수 27째 자리 숫자는 8입니다.

15 1층: 8개, 2층: 3개, 3층: 1개
(주어진 쌓기나무의 개수) $= 8 + 3 + 1 = 12$(개)
⇨ (더 필요한 쌓기나무의 개수) $= 12 - 9 = 3$(개)

16 처음 주머니에 있던 구슬을 □개라 하면
$\square \times \dfrac{8}{8+5} = 56$, $\square \times \dfrac{8}{13} = 56$,
$\square = 56 \div \dfrac{8}{13} = 56 \times \dfrac{13}{8} = 91$

17 $(3.6 + 4.8) \times \square \div 2 = 16.8$, $8.4 \times \square \div 2 = 16.8$,
$8.4 \times \square = 33.6$, □$= 33.6 \div 8.4 = 4$

18 (전체 밀가루의 양)$=9\frac{1}{4}+5\frac{3}{5}$

$$=9\frac{5}{20}+5\frac{12}{20}=14\frac{17}{20}\,(\text{kg})$$

$$14\frac{17}{20}\div1\frac{5}{28}=\frac{297}{20}\div\frac{33}{28}=\frac{\overset{9}{\cancel{297}}}{\underset{5}{\cancel{20}}}\times\frac{\overset{7}{\cancel{28}}}{\underset{1}{\cancel{33}}}$$

$$=\frac{63}{5}=12\frac{3}{5}$$

⇨ 한 봉지에 $1\frac{5}{28}$ kg씩 봉지 12개에 담고, 남는 것

도 담아야 하므로 봉지는 적어도 $12+1=13$(개)

필요합니다.

19 쌓기나무로 쌓은 모양은 다음과 같습니다.

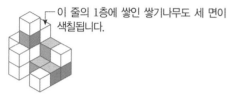

이 줄의 1층에 쌓인 쌓기나무도 세 면이 색칠됩니다.

⇨ 세 면이 색칠된 쌓기나무는 1층에 4개, 2층에

1개, 3층에 1개 있으므로 모두 $4+1+1=6$(개)

입니다.

20 $㉮\times\frac{5}{6}=6\frac{1}{2}$,

$㉮=6\frac{1}{2}\div\frac{5}{6}=\frac{13}{2}\div\frac{5}{6}=\frac{13}{\underset{1}{\cancel{2}}}\times\frac{\overset{3}{\cancel{6}}}{5}=\frac{39}{5}=7\frac{4}{5}$

$㉯=㉮\div\frac{13}{15}=7\frac{4}{5}\div\frac{13}{15}$

$$=\frac{39}{5}\div\frac{13}{15}=\frac{\overset{3}{\cancel{39}}}{\underset{1}{\cancel{5}}}\times\frac{\overset{3}{\cancel{15}}}{\underset{1}{\cancel{13}}}=9$$

21

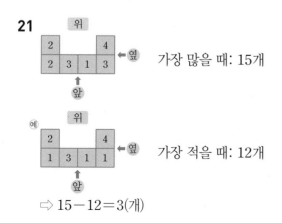

가장 많을 때: 15개

가장 적을 때: 12개

⇨ $15-12=3$(개)

22

푸는 순서

❶ 어떤 수를 □라 하고 □를 구하는 식 세우기

❷ □의 값 구하기

❸ 어떤 수를 65로 나눈 몫을 반올림하여 일의 자리까지
나타내기

❶ 어떤 수를 □라 하면

□$\times0.08+20.42=35.16$

❷ □$=(35.16-20.42)\div0.08$

$=14.74\div0.08=184.25$

❸ $184.25\div65=2.8\cdots$이므로 몫을 반올림하여

일의 자리까지 나타내면 3입니다.

23 삼각형 ㄱㄹㅁ과 삼각형 ㄱㄷㄹ에

서 선분 ㄹㅁ의 길이는 선분 ㄷㄹ의

길이의 3배이고, 두 삼각형의 높이

는 같으므로 삼각형 ㄱㄹㅁ의 넓이

는 삼각형 ㄱㄷㄹ의 넓이의 3배입니다.

(삼각형 ㄱㄹㅁ의 넓이) : (삼각형 ㄱㄷㄹ의 넓이)

$=3:1$

삼각형 ㄱㄷㅁ의 넓이가 72 cm²이므로

(삼각형 ㄱㄹㅁ의 넓이)

$$=72\times\frac{3}{3+1}=72\times\frac{3}{4}=54\,(\text{cm}^2)$$

삼각형 ㄱㅂㅁ과 삼각형 ㅂㄹㅁ은 높이와 밑변의 길

이가 각각 서로 같으므로 넓이도 같습니다.

⇨ (삼각형 ㅂㄹㅁ의 넓이)$=54\times\frac{1}{2}=27\,(\text{cm}^2)$

24 이익금을 갑과 을이 210만 : 90만$=7:3$으로 나누

어 가지므로 갑이 다시 투자를 하여 얻은 이익금을

□원이라 하면

$7:3=$□$:30$만

$\rightarrow7\times30$만$=3\times$□, 210만$=3\times$□, □$=70$만

210만$+90$만$=300$만 (원)을 투자하여 얻은 이익

금이 50만 원이었으므로

(투자한 금액) : (이익금) ⇨ 300만 : 50만 ⇨ $6:1$

갑이 다시 투자한 금액을 △원이라 하면

$6:1=△:70$만

$\rightarrow6\times70$만$=1\times△$, $△=420$만

⇨ 갑이 다시 투자한 금액은 420만 원입니다.

25 전략 가이드

기차가 터널을 완전히 통과하려면
(기차의 길이)+(터널의 길이)만큼 달려야 합니다.

$680 \text{ m} = 0.68 \text{ km}$, $74.5 \text{ m} = 0.0745 \text{ km}$이므로
기차가 터널을 완전히 통과하려면
$0.68 + 0.0745 = 0.7545 \text{ (km)}$를 달려야 합니다.
1시간=3600초이므로 기차는 1초에
$122.4 \div 3600 = 0.034 \text{ (km)}$씩 달립니다.
⇨ (터널을 완전히 통과하는 데 걸리는 시간)
$= 0.7545 \div 0.034 = 22.1\cdots \rightarrow 23$초

실전 모의고사 3회

61 ~ 66쪽

1 ③		**2** 13
3 15		**4** 14
5 52		**6** ④
7 12		**8** 8
9 12		**10** 2
11 126		**12** 60
13 14		**14** 12
15 25		**16** 75
17 24		**18** 30
19 175		**20** 3
21 520		**22** 6
23 6		**24** 306
25 35			

1 $1\dfrac{7}{8} \div 2\dfrac{1}{3} = \dfrac{15}{8} \div \dfrac{7}{3} = \dfrac{15}{8} \times \dfrac{3}{7}$

2
$$1.78\overline{)23.14}$$
$$\begin{array}{r} 13 \\ 178 \\ \hline 534 \\ 534 \\ \hline 0 \end{array}$$

3 $\square \times \dfrac{11}{18} = 9\dfrac{1}{6}$

⇨ $\square = 9\dfrac{1}{6} \div \dfrac{11}{18} = \dfrac{55}{6} \div \dfrac{11}{18} = \dfrac{\cancel{55}^{5}}{\cancel{6}_{1}} \times \dfrac{\cancel{18}^{3}}{\cancel{11}_{1}} = 15$

4 1층: 7개, 2층: 5개, 3층: 2개
⇨ (필요한 쌓기나무의 개수)
$= 7 + 5 + 2 = 14$(개)

5 $\dfrac{5}{6} : \dfrac{9}{10}$ ⇨ $\left(\dfrac{5}{6} \times 30\right) : \left(\dfrac{9}{10} \times 30\right)$ ⇨ $25 : 27$
따라서 ㉮ : ㉯ $= 25 : 27$이므로
㉮+㉯$= 25 + 27 = 52$입니다.

6 $2 \div 0.25 = 200 \div 25 = $ ⑧
① $2 \div 2.5 = 20 \div 25 = 0.8$
② $2 \div 25 = 0.08$
③ $20 \div 25 = 0.8$
④ $200 \div 25 = $ ⑧
⑤ $200 \div 2.5 = 2000 \div 25 = 80$

7 $32\dfrac{1}{2} \div 2\dfrac{3}{5} = \dfrac{65}{2} \div \dfrac{13}{5} = \dfrac{\overset{5}{\cancel{65}}}{2} \times \dfrac{5}{\underset{1}{\cancel{13}}}$

$= \dfrac{25}{2} = 12\dfrac{1}{2}$

이므로 케이크를 12개까지 만들 수 있습니다.

8 앞에서 보았을 때 각 줄에서 가장 높게 쌓인 층수만큼 그립니다.

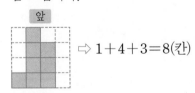

⇨ $1 + 4 + 3 = 8$(칸)

주의
보이지 않는 부분의 쌓기나무를 주의합니다.

9 • 2층에 쌓은 쌓기나무의 개수는 2 이상의 수가 쓰여 있는 칸의 수와 같습니다. → 7개
• 3층에 쌓은 쌓기나무의 개수는 3 이상의 수가 쓰여 있는 칸의 수와 같습니다. → 5개
⇨ $7 + 5 = 12$(개)

10 전략 가이드
나누어지는 수가 나누는 수보다 작으면 몫이 1보다 작은 진분수가 됩니다.

$\dfrac{2}{7} \div \dfrac{4}{9} \rightarrow \dfrac{2}{7}\left(=\dfrac{18}{63}\right) < \dfrac{4}{9}\left(=\dfrac{28}{63}\right)$이므로
몫은 진분수입니다.

$2\dfrac{1}{4} \div 2\dfrac{3}{7} \rightarrow 2\dfrac{1}{4}\left(=2\dfrac{7}{28}\right) < 2\dfrac{3}{7}\left(=2\dfrac{12}{28}\right)$이므로
몫은 진분수입니다.

⇨ 2개

• 다른 풀이 •
$\dfrac{2}{7} \div \dfrac{4}{9} = \dfrac{9}{14}$, $2\dfrac{2}{3} \div \dfrac{5}{6} = 3\dfrac{1}{5}$,
$2\dfrac{1}{4} \div 2\dfrac{3}{7} = \dfrac{63}{68}$, $2\dfrac{4}{7} \div 1\dfrac{1}{8} = 2\dfrac{2}{7}$
⇨ 2개

11 삼각형 ㄱㄴㄹ과 삼각형 ㄹㄴㄷ의 높이가 같으므로 넓이의 비는 밑변의 길이의 비와 같습니다.
⇨ (삼각형 ㄱㄴㄹ의 넓이)
$= 180 \times \dfrac{7}{7+3} = 180 \times \dfrac{7}{10} = 126 \,(\text{cm}^2)$

12 • (사용한 빨간색 물감의 양)
$= 540 \times \dfrac{5}{5+4} = 540 \times \dfrac{5}{9} = 300 \,(\text{g})$
• (사용한 노란색 물감의 양)
$= 540 \times \dfrac{4}{5+4} = 540 \times \dfrac{4}{9} = 240 \,(\text{g})$
⇨ $300 - 240 = 60 \,(\text{g})$

13 한 번 자르면 2도막, 2번 자르면 3도막······이 되므로 자른 횟수는 도막 수보다 1 작습니다.
⇨ 수수깡을 $24 \div 1.6 = 15$(도막)으로 잘랐으므로 자른 횟수는 $15 - 1 = 14$(번)입니다.

14
위
| | 2 | 1 |
| 3 | 3 | 1 | ← 옆
| | 2 |
↑
앞

⇨ (필요한 쌓기나무의 개수)
$= 2+1+3+3+1+2$
$= 12$(개)

15 (㉮의 톱니 수) : (㉯의 톱니 수)
⇨ 32 : 20 ⇨ (32÷4) : (20÷4) ⇨ 8 : 5
이므로 ㉮와 ㉯의 회전수의 비는 5 : 8입니다.

㉯가 40바퀴 도는 동안 ㉮의 회전수를 □바퀴라 하면 $5 : 8 = □ : 40$
→ $5 \times 40 = 8 \times □$, $200 = 8 \times □$, $□ = 25$

16 전략 가이드
가장 큰 수는 높은 자리에 가장 큰 숫자부터 늘어놓아 만들고, 가장 작은 수는 높은 자리에 가장 작은 숫자부터 늘어놓아 만듭니다.

$9 > 7 > 5 > 4 > 3 > 1 > 0$이므로
가장 큰 소수 두 자리 수: 9.75
가장 작은 소수 두 자리 수: 0.13
⇨ $9.75 \div 0.13 = 75$

17 $36분 = \dfrac{36}{60}시간 = \dfrac{3}{5}시간$
(한 시간 동안 나오는 물의 양)
$= 8 \div \dfrac{3}{5} = 8 \times \dfrac{5}{3} = \dfrac{40}{3} = 13\dfrac{1}{3} \,(\text{L})$

⇨ ($1\dfrac{4}{5}$시간 동안 나오는 물의 양)
$= 13\dfrac{1}{3} \times 1\dfrac{4}{5} = \dfrac{40}{3} \times \dfrac{9}{5} = 24 \,(\text{L})$

• 다른 풀이 •
$1\dfrac{4}{5}$시간$= 1\dfrac{48}{60}$시간$= 1$시간 48분$= 108$분이므로
$1\dfrac{4}{5}$시간 동안 나오는 물의 양을 □ L라 하면
$36 : 8 = 108 : □$
→ $36 \times □ = 8 \times 108$, $36 \times □ = 864$, $□ = 24$

18 ㉮$\times \dfrac{1}{8} = $㉯$\times \dfrac{2}{5}$

㉮ : ㉯ ⇨ $\dfrac{2}{5} : \dfrac{1}{8}$ ⇨ $\left(\dfrac{2}{5} \times 40\right) : \left(\dfrac{1}{8} \times 40\right)$
⇨ 16 : 5

㉯의 넓이를 □ cm²라 하면 $16 : 5 = 96 : □$
→ $16 \times □ = 5 \times 96$, $16 \times □ = 480$, $□ = 30$

19 (직사각형 모양의 벽의 넓이)
$= 8 \times 3\dfrac{3}{4} = 8 \times \dfrac{15}{4} = 30 \,(\text{m}^2)$

(1 L의 페인트로 칠할 수 있는 벽의 넓이)
$= 30 \div 1\dfrac{1}{5} = 30 \div \dfrac{6}{5} = 30 \times \dfrac{5}{6} = 25 \,(\text{m}^2)$

⇨ (7 L의 페인트로 칠할 수 있는 벽의 넓이)
$= 25 \times 7 = 175 \,(\text{m}^2)$

20 위에서 본 모양에 정확히 알 수 있는 쌓기나무의 수를 쓰면 오른쪽과 같습니다.

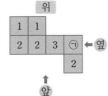

쌓기나무 12개로 쌓은 것이므로
$1+1+2+2+3+㉠+2=12$,
$11+㉠=12$, $㉠=1$

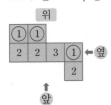

앞에서 보았을 때 보이지 않는 쌓기나무는 왼쪽과 같이 ○표 한 자리에 쌓은 쌓기나무입니다.
⇨ $1+1+1=3$(개)

21 40마리가 늘어난 후 3차 소비자의 수를 □마리라 하면
$329 : □=7 : 5$
→ $329×5=□×7$, $1645=□×7$, $□=235$
(처음 3차 소비자의 수)$=235-40=195$(마리)
처음 2차 소비자의 수를 △마리라 하면
$△ : 195=8 : 3$
→ $△×3=195×8$, $△×3=1560$, $△=520$

22 반올림하여 소수 둘째 자리까지 나타낸 수가 1.26이 될 수 있는 수는 1.255 이상 1.265 미만인 수입니다.
$3.7×1.255=4.6435$, $3.7×1.265=4.6805$이므로 4.64□는 4.6435 이상 4.6805 미만인 수입니다.
⇨ □ 안에 들어갈 수 있는 수는 4, 5, 6, 7, 8, 9로 모두 6개입니다.

> ● 참고 ●
> 반올림하여 소수 둘째 자리까지 나타내면 ■.▲★ 이 되는 수의 범위
> ⇨ (■.▲★−0.005) 이상 (■.▲★+0.005) 미만

23 쌓기나무가 1층에 5개, 4층에 2개 놓여 있으므로
(2층과 3층에 쌓을 수 있는 쌓기나무의 개수)
$=13-5-2=6$(개)
4층과 같은 모양이 되기 위해서 2층과 3층의 ★ 부분에는 항상 쌓기나무가 놓여 있어야 합니다.

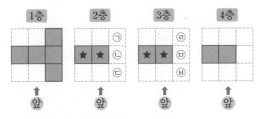

2층에 4개, 3층에 2개가 놓이는 경우:
$(㉠, ㉡), (㉠, ㉢), (㉡, ㉢)$ → 3가지

2층에 3개, 3층에 3개가 놓이는 경우:
$(㉠, ㉣), (㉡, ㉤), (㉢, ㉥)$ → 3가지
⇨ $3+3=6$(가지)

24 연속하는 43개의 3의 배수 중에서 가장 작은 수를 $3×□$라 하면 가장 큰 수는 $3×□+3×42$입니다.
$(3×□) : (3×□+3×42)=5 : 12$
→ $(3×□)×12=(3×□+126)×5$,
$36×□=15×□+630$,
$21×□=630$, $□=30$
연속하는 43개의 3의 배수 중에서
가장 작은 수: $3×30=90$
가장 큰 수: $3×30+3×42=216$
⇨ $90+216=306$

25 점 A와 점 B가 만날 때까지 움직인 시간은 점 C가 움직인 시간과 같습니다. 즉, 세 점이 움직인 시간은 모두 같습니다. 점 A와 점 B가 만날 때까지 움직인 시간이 각각 $25÷(0.3+0.2)=25÷0.5=50$(분)이므로 점 C도 움직인 시간은 50분입니다.
⇨ 점 C가 1분에 0.7 m씩 50분 동안 움직인 거리는 $0.7×50=35$ (m)입니다.

실전 모의고사 4회

67 ~ 72쪽	
1 5	**2** 816
3 10	**4** 10
5 900	**6** 24
7 4	**8** 6
9 ③	**10** 2
11 13	**12** 45
13 46	**14** 0
15 10	**16** 9
17 17	**18** 32
19 27	**20** 352
21 230	**22** 11
23 450	**24** 728
25 32	

1 4에서 $\frac{4}{5}$를 5번 덜어 낼 수 있으므로 $4÷\frac{4}{5}=5$입니다.

2 0.48을 48로 나타낸 것은 0.48에 100을 곱한 것이 므로 8.16에 100을 곱해야 합니다.

$\Rightarrow 8.16 \times 100 = 816$

●─ **다른 풀이** ─●
$0.48\overline{)8.16}$ $\Rightarrow$ $48\overline{)816}$

3 $6\dfrac{1}{4} \div \dfrac{5}{8} = \dfrac{25}{4} \div \dfrac{5}{8} = \overset{5}{\dfrac{25}{\cancel{4}}} \times \overset{2}{\dfrac{8}{\cancel{5}}} = 10$

4 1층: 6개, 2층: 3개, 3층: 1개
$\Rightarrow$ (필요한 쌓기나무의 개수)$=6+3+1=10$(개)

5 나누어지는 수는 같고 나누는 수가 $\dfrac{1}{10}$배, $\dfrac{1}{100}$배가 되면 몫은 10배, 100배가 됩니다.

6 비례식에서 외항의 곱과 내항의 곱이 같으므로 내항의 곱도 120입니다.
$\Rightarrow ㉡ \times 5 = 120$, $㉡ = 120 \div 5 = 24$

7 가장 큰 수: $4\dfrac{2}{9}$, 가장 작은 수: $1\dfrac{1}{18}$

$\Rightarrow 4\dfrac{2}{9} \div 1\dfrac{1}{18} = \dfrac{38}{9} \div \dfrac{19}{18} = \overset{2}{\dfrac{38}{\cancel{9}}} \times \overset{2}{\dfrac{18}{\cancel{19}}} = 4$

8 (높이)=(평행사변형의 넓이)÷(밑변의 길이)
$= 18\dfrac{3}{4} \div 3\dfrac{1}{8} = \dfrac{75}{4} \div \dfrac{25}{8}$

$= \overset{3}{\dfrac{75}{\cancel{4}}} \times \overset{2}{\dfrac{8}{\cancel{25}}} = 6 \text{ (cm)}$

9 ① ② ④ ⑤

10 $20 : 25$를 가장 간단한 자연수의 비로 나타내면
$20 : 25 \Rightarrow (20 \div 5) : (25 \div 5) \Rightarrow 4 : 5$입니다.
$4 : 5 \Rightarrow (4 \times 2) : (5 \times 2) \Rightarrow 8 : 10$
$4 : 5 \Rightarrow (4 \times 3) : (5 \times 3) \Rightarrow 12 : 15$
따라서 전항이 10보다 작은 자연수인 비는
$4 : 5$, $8 : 10$으로 모두 2개입니다.

11 $㉠ = 49.5 \div 5.5 = 495 \div 55 = 9$
$㉡ = 9 \div 2.25 = 900 \div 225 = 4$
$\Rightarrow ㉠ + ㉡ = 9 + 4 = 13$

12 처음에 있던 연필의 수를 $\square$자루라 하면
$\square \times \dfrac{4}{4+5} = 20$, $\square \times \dfrac{4}{9} = 20$,
$\square = 20 \div \dfrac{4}{9} = 20 \times \dfrac{9}{4} = 45$

13 $10\dfrac{29}{100} \div 10\dfrac{3}{4} = \dfrac{1029}{100} \div \dfrac{43}{4}$

$= \dfrac{1029}{\underset{25}{\cancel{100}}} \times \dfrac{\overset{1}{\cancel{4}}}{43} = \dfrac{1029}{1075}$

$\Rightarrow ㉠ = 1075$, $㉡ = 1029$이므로
$㉠ - ㉡ = 1075 - 1029 = 46$입니다.

●─ **참고** ─●
■는 ▲의 몇 배 $\Rightarrow$ (■÷▲)배

14 $81.9 \div 32.8 = 2.496\cdots\cdots$이므로 몫을 반올림하여
소수 첫째 자리까지 나타내면 $2.4\underline{9}\cdots\cdots \rightarrow 2.5$
소수 둘째 자리까지 나타내면 $2.49\underline{6}\cdots\cdots \rightarrow 2.5$
$\Rightarrow 2.5 - 2.5 = 0$

15 (사용한 쌓기나무의 개수)
$=3+2+2+3+4+1+1+3+1+2=22$(개)
(앞에서 보았을 때 보이는 쌓기나무의 개수)
$=4+3+2+3=12$(개)
$\Rightarrow$ (보이지 않는 쌓기나무의 개수)
$=22-12=10$(개)

16 (미연이의 키)$=1.83-0.37=1.46$ (m)
$1.46 \div 0.37 = 3.94\cdots\cdots \rightarrow 3.9$배
$\Rightarrow$ 반올림하여 소수 첫째 자리까지 나타내었을 때 소수 첫째 자리 숫자는 9입니다.

17 2층에 쌓은 쌓기나무: 3개, 3층에 쌓은 쌓기나무: 1개
$\rightarrow$ (1층에 쌓은 쌓기나무의 개수)
$=9-3-1=5$(개)
그림에서 1층에는 쌓기나무가 5개이므로 보이지 않는 부분에 쌓기나무는 없습니다.

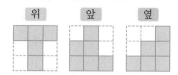
위   앞   옆

$\Rightarrow$ (색칠한 칸의 수)$=5+6+6=17$(칸)

18 어떤 분수를 □라 하면 $\square \times 15 = 41\frac{2}{3}$

$$\square = 41\frac{2}{3} \div 15 = \frac{125}{3} \div 15 = \frac{\overset{25}{\cancel{125}}}{3} \times \frac{1}{\underset{3}{\cancel{15}}}$$

$$= \frac{25}{9} = 2\frac{7}{9}$$

바르게 계산하면 $2\frac{7}{9} \div 15 = \frac{\overset{5}{\cancel{25}}}{9} \times \frac{1}{\underset{3}{\cancel{15}}} = \frac{5}{27}$입니다.

⇨ 분모와 분자의 합: $27 + 5 = 32$

19

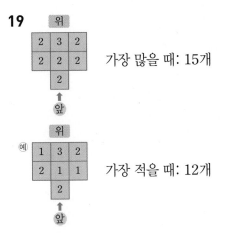

가장 많을 때: 15개

가장 적을 때: 12개

⇨ (쌓기나무 개수의 합) $= 15 + 12 = 27$(개)

20 위인전의 수를 □권이라 하면 $\square \times \frac{1}{5} = 32$,

$$\square = 32 \div \frac{1}{5} = 32 \times 5 = 160$$

책꽂이에 꽂혀 있는 책의 수를 △권이라 하면

$$\triangle \times \frac{5}{6+5} = 160, \ \triangle \times \frac{5}{11} = 160,$$

$$\triangle = 160 \div \frac{5}{11} = 160 \times \frac{11}{5} = 352$$

21 기차의 길이를 □m라 하면

$34 : 24 = (1300 + \square) : (850 + \square)$

→ $34 \times (850 + \square) = 24 \times (1300 + \square)$,

$28900 + 34 \times \square = 31200 + 24 \times \square$,

$10 \times \square = 2300$, $\square = 230$

22 (사용한 쌓기나무의 개수) $= 5 \times 5 \times 5 = 125$(개)

여섯 방향에서 보았을 때 보이는 분홍색 쌓기나무는 30개이고 보이지 않는 쌓기나무 27개가 모두 분홍색 쌓기나무라고 하면 분홍색 쌓기나무는 모두 $30 + 27 = 57$(개)입니다.

⇨ 하늘색 쌓기나무는 $125 - 57 = 68$(개)이므로 분홍색 쌓기나무와 하늘색 쌓기나무 개수의 차는 $68 - 57 = 11$(개)입니다.

23 (현수가 1분 동안 옮기는 짐의 양)

$= 750 \times 2 = 1500$ (g) → $1.5\,\text{kg}$

(현수가 짐을 모두 옮기는 데 걸리는 시간)

$= 285 \div 1.5 = 190$(분)

(민호가 1분 동안 옮기는 짐의 양)

$= 273.6 \div 180 = 1.52$ (kg)

(민호가 짐을 모두 옮기는 데 걸리는 시간)

$= 285 \div 1.52 = 187.5$(분)

현수가 10분 먼저 옮기기 시작하므로 민호가 옮기기 시작한 후로 $190 - 10 = 180$(분)이 걸립니다.

⇨ 현수가 $187.5 - 180 = 7.5$(분),

즉 $7.5 \times 60 = 450$(초) 더 빨리 짐을 모두 옮길 수 있습니다.

24 $35\% = \frac{35}{100}$이므로

(㉮ 마을) $= 2400 \times \frac{35}{100} = 840$ (t)입니다.

(㉯와 ㉰ 마을의 사과 생산량의 합)

$= 2400 - 840 = 1560$ (t)

(㉯ 마을) $\times \frac{1}{4} = $ (㉰ 마을) $\times \frac{2}{7}$

(㉯ 마을) : (㉰ 마을)

⇨ $\frac{2}{7} : \frac{1}{4}$ ⇨ $\left(\frac{2}{7} \times 28 \right) : \left(\frac{1}{4} \times 28 \right)$ ⇨ $8 : 7$

이므로 ㉰ 마을이 ㉯ 마을보다 사과 생산량이 더 적습니다.

(㉰ 마을의 사과 생산량)

$= 1560 \times \frac{7}{8+7} = 1560 \times \frac{7}{15} = 728$ (t)

⇨ 사과 생산량이 가장 적은 마을은 ㉰ 마을이고 728 t입니다.

25

[처음 쌓기나무 31개로 쌓은 모양]

[빗금 친 쌓기나무를 뺀 모양]

빗금 친 쌓기나무를 뺀 모양을 위, 앞, 옆에서 본 모양을 그렸을 때 색칠한 칸은 모두 $11 + 11 + 10 = 32$(칸)입니다.

최종 모의고사 1회

73 ~ 78쪽

1 120	**2** ④
3 8	**4** 21
5 8	**6** 15
7 225	**8** 11
9 20	**10** 23
11 8	**12** 8
13 2	**14** 10
15 8	**16** 4
17 6	**18** 208
19 9	**20** 28
21 60	**22** 48
23 210	**24** 30
25 7	

3 $3\dfrac{1}{9} \div \dfrac{7}{18} = \dfrac{28}{9} \div \dfrac{7}{18} = \dfrac{\overset{4}{\cancel{28}}}{\underset{1}{\cancel{9}}} \times \dfrac{\overset{2}{\cancel{18}}}{\underset{1}{\cancel{7}}} = 8$

4 몫의 소수점은 나누어지는 수의 옮긴 소수점의 위치
와 같고, 나머지의 소수점은 나누어지는 수의 처음
소수점의 위치와 같습니다.
따라서 몫은 42, 나머지는 0.5입니다.
⇨ $42 \times 0.5 = 21$

5 1층에 쌓인 쌓기나무의 개수는 위에서 본 모양의 칸
수와 같으므로 모두 8개입니다.

6
$$\begin{array}{r} 1\ 5 \\ 0.5\ 9\ \overline{)\ 8.8\ 5} \\ 5\ 9 \\ \hline 2\ 9\ 5 \\ 2\ 9\ 5 \\ \hline 0 \end{array}$$

7 (현준이가 가진 구슬의 수)
$= 630 \times \dfrac{5}{5+9} = 630 \times \dfrac{5}{14} = 225(개)$

8 쌓기나무가 1층에 6개, 2층에 4개, 3층에 1개 필요
합니다.
⇨ (필요한 쌓기나무의 개수) $= 6+4+1 = 11(개)$

9 남학생 수를 □명이라 하면
$4:3 = □:15$
$\rightarrow 4 \times 15 = 3 \times □,\ 60 = 3 \times □,\ □ = 20$

10 $6\dfrac{2}{5} \div \dfrac{4}{15} = \dfrac{32}{5} \div \dfrac{4}{15} = \dfrac{\overset{8}{\cancel{32}}}{\underset{1}{\cancel{5}}} \times \dfrac{\overset{3}{\cancel{15}}}{\underset{1}{\cancel{4}}} = 24$

⇨ □ 안에 들어갈 수 있는 자연수는 1부터 23까지
이므로 이 중 가장 큰 수는 23입니다.

11 $12.4 \div 1.5 = 8 \cdots 0.4$
⇨ 감자를 8상자까지 판매할 수 있습니다.

12 1층에 6개, 2층에 4개, 3층에 2개이므로
(남은 쌓기나무의 개수) $= 6+4+2 = 12(개)$입니다.
⇨ (빼낸 쌓기나무의 개수) $= 20-12 = 8(개)$

13
$$\begin{array}{r} 2.3 \cdots \Rightarrow 2 \\ 3\ \overline{)\ 7} \\ 6 \\ \hline 1\ 0 \\ 9 \\ \hline 1 \end{array}$$

14 $□ \times 1\dfrac{1}{4} \times \dfrac{9}{25} = 4\dfrac{1}{2}$

⇨ $□ = 4\dfrac{1}{2} \div \dfrac{9}{25} \div 1\dfrac{1}{4}$

$= \dfrac{9}{2} \times \dfrac{25}{9} \div \dfrac{5}{4} = \dfrac{25}{2} \times \dfrac{4}{5} = 10$

15

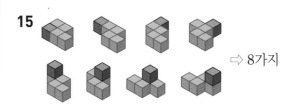

⇨ 8가지

16 ♩로 3박자를 만들려면 ♪는 $3 \div 0.75 = 4(개)$ 있어야
합니다.

17 $5.4 \div 3.96 = 1.363636 \cdots$
⇨ $40 \div 2 = 20$이므로 몫의 소수 40째 자리 숫자는
6이고 소수 41째 자리 숫자는 3입니다. 따라서
반올림하여 소수 40째 자리까지 나타내면 소수
40째 자리 숫자는 6입니다.

18 ㉮를 할인하여 판매한 금액:

(㉮의 원래 가격)$\times\left(1-\dfrac{35}{100}\right)$

$=$(㉮의 원래 가격)$\times\dfrac{65}{100}=$(㉮의 원래 가격)$\times\dfrac{13}{20}$

㉯를 할인하여 판매한 금액:

(㉯의 원래 가격)$\times\left(1-\dfrac{1}{5}\right)=$(㉯의 원래 가격)$\times\dfrac{4}{5}$

(㉮의 원래 가격)$\times\dfrac{13}{20}=$(㉯의 원래 가격)$\times\dfrac{4}{5}$

→ (㉮의 원래 가격) : (㉯의 원래 가격)

$=\dfrac{4}{5}:\dfrac{13}{20}=\left(\dfrac{4}{5}\times20\right):\left(\dfrac{13}{20}\times20\right)=16:13$

⇨ ㉠ : ㉡$=16:13$이므로 ㉠$\times$㉡$=16\times13=208$

19 ㉠$\div$㉡$=\dfrac{㉠}{㉡}=\dfrac{3}{4}$, ㉢$\div$㉡$=\dfrac{㉢}{㉡}=\dfrac{1}{12}$

$\dfrac{㉠}{㉡}\div\dfrac{㉢}{㉡}=$㉠$\div$㉢$=\dfrac{3}{4}\div\dfrac{1}{12}=\overset{3}{\dfrac{3}{4}}\times\overset{}{\underset{1}{12}}=9$

20 위, 앞, 옆(오른쪽)에서 본 모양이 모두 같도록 가장 적은 수로 쌓기나무를 쌓아 보면 오른쪽과 같습니다.

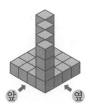

1층: 16개, 2층: 4개,
3층: 4개, 4층: 4개 ⇨ $16+4+4+4=28$(개)

21 선분 ㄱㄴ을 $2:3$으로 나눈 점이 점 ㄷ이므로

선분 ㄱㄷ은 선분 ㄱㄴ의 $\dfrac{2}{2+3}=\dfrac{2}{5}$이고

선분 ㄱㄴ을 $4:11$로 나눈 점이 점 ㄹ이므로

선분 ㄱㄹ은 선분 ㄱㄴ의 $\dfrac{4}{4+11}=\dfrac{4}{15}$입니다.

선분 ㄹㄷ은 선분 ㄱㄴ의

$\dfrac{2}{5}-\dfrac{4}{15}=\dfrac{6}{15}-\dfrac{4}{15}=\dfrac{2}{15}$이고

그 길이가 $8\,\mathrm{cm}$이므로

(선분 ㄱㄴ의 길이)$=8\div\dfrac{2}{15}=8\times\dfrac{15}{2}$

$=60\,(\mathrm{cm})$

22 $6\times6\times6=216$이므로 216개의 쌓기나무로 정육면체를 만들면 가로 6줄, 세로 6줄, 높이 6층인 정육면체 모양이 됩니다. 이 정육면체의 모든 바깥쪽 면에 물감을 칠하면 두 면에 물감이 칠해진 쌓기나무는 오른쪽과 같습니다.

⇨ (두 면에 물감이 칠해진 쌓기나무의 수)
　　$=$(한 모서리에서 4개씩 12개의 모서리)
　　$=4\times12=48$(개)

23

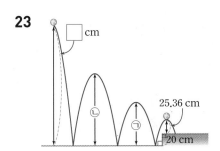

㉠$\times0.6=25.36+20$,
㉠$=(25.36+20)\div0.6=75.6\,(\mathrm{cm})$
㉡$\times0.6=75.6$, ㉡$=75.6\div0.6=126\,(\mathrm{cm})$
□$\times0.6=126$, □$=126\div0.6=210$

24 무릎 아래에서 발까지의 길이를 □$\,\mathrm{cm}$라 하면
$1.6:1=76.8:$□
→ $1.6\times$□$=76.8$, □$=76.8\div1.6=48$
배꼽을 기준으로 하반신의 길이는
$76.8+48=124.8\,(\mathrm{cm})$이므로
배꼽을 기준으로 상반신의 길이를 △$\,\mathrm{cm}$라 하면
$1:1.6=$△$:124.8$
→ $124.8=1.6\times$△, △$=124.8\div1.6=78$
$1:1.6$을 간단한 자연수의 비로 나타내면
$1:1.6=(1\times5):(1.6\times5)=5:8$

⇨ (머리 부분의 길이)$=78\times\dfrac{5}{5+8}$

$=78\times\dfrac{5}{13}=30\,(\mathrm{cm})$

25

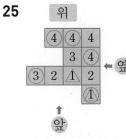

○표를 한 칸의 쌓기나무를 빼면 앞이나 옆에서 본 모양이 변하므로 쌓기나무를 빼면 안 됩니다.
△표를 한 칸의 쌓기나무를 빼면 위에서 본 모양이 변하므로 쌓기나무를 빼면 안 됩니다.

○, △표를 제외한 칸 중에서 2가 써 있는 칸에서는 1개, 3이 써 있는 칸에서는 2개, 4가 써 있는 칸에서는 3개까지 쌓기나무를 뺄 수 있습니다.

⇨ 쌓기나무를 최대 $1+1+2+3=7$(개)까지 빼내어도 위, 앞, 옆에서 본 모양이 변하지 않습니다.

최종 모의고사 **2**회

79 ~ 84쪽

1 7	**2** 14
3 3	**4** 289
5 27	**6** 8
7 ②	**8** 7
9 14	**10** 35
11 4	**12** 6
13 18	**14** 2
15 2	**16** 9
17 296	**18** 10
19 13	**20** 15
21 72	**22** 28
23 256	**24** 4
25 210	

1 $\underset{전항}{\underline{7}} : \underset{후항}{\underline{16}}$

2 $84 \div 6$을 이용하여 $8.4 \div 0.6$을 계산합니다.

3 2 이상의 수가 쓰여 있는 칸 수를 세어 봅니다.

4 자연수: 51, 진분수: $\frac{3}{17}$

$\Rightarrow 51 \div \frac{3}{17} = \overset{17}{\cancel{51}} \times \frac{17}{\underset{1}{\cancel{3}}} = 289$

5 ●$\times 5 = 15 \times 9$, ●$\times 5 = 135$, ● $= 135 \div 5 = 27$

6 $14 \times \frac{4}{4+3} = 14 \times \frac{4}{7} = 8\,(\text{g})$

7 위에서 본 모양은 1층에 쌓인 쌓기나무의 모양과 같습니다.

8 (쌀의 무게) $\div$ (콩의 무게) $= 16.87 \div 2.41 = 7$(배)

9 (만들 수 있는 리본의 수) $= 3\frac{1}{9} \div \frac{2}{9} = \frac{28}{9} \div \frac{2}{9}$
$= 28 \div 2 = 14$(개)

10 (상자의 수) $= 133 \div 3.8 = 35$(개)

11 $155.84 \div 48.7 = 3.2$이므로 □ 안에 들어갈 수 있는 자연수는 4, 5, 6……이고 이 중 가장 작은 수는 4입니다.

12 색칠한 부분의 넓이는 전체를 똑같이 8로 나눈 것 중의 5입니다.
$\Rightarrow$ (직사각형 전체의 넓이)
$= 3\frac{3}{4} \div \frac{5}{8} = \frac{\overset{3}{\cancel{15}}}{\underset{1}{\cancel{4}}} \times \frac{\overset{2}{\cancel{8}}}{\underset{1}{\cancel{5}}} = 6\,(\text{cm}^2)$

13 쌓기나무를 가장 많이 사용하여 쌓으면 왼쪽 모양과 같습니다.
3층: 3개, 2층: 6개, 1층: 9개
$\Rightarrow 3 + 6 + 9 = 18$(개)

14 (직사각형 가의 가로) $= 22.56 \div 5.64 = 4\,(\text{cm})$
(직사각형 나의 가로) $= 22.56 \div 3.76 = 6\,(\text{cm})$
$\Rightarrow 6 - 4 = 2\,(\text{cm})$

15 뒤집거나 돌려서 모양이 같으면 같은 모양이므로 만들 수 있는 모양은 ▨ 모양과 ▨ 모양으로 모두 2가지입니다.

16 $\frac{9\frac{3}{4}}{1\frac{1}{12}} = 9\frac{3}{4} \div 1\frac{1}{12}$

$= \frac{39}{4} \div \frac{13}{12}$

$= \frac{\overset{3}{\cancel{39}}}{\underset{1}{\cancel{4}}} \times \frac{\overset{3}{\cancel{12}}}{\underset{1}{\cancel{13}}} = 9$

17 $8 \times 8 \times 8 = 512$이므로 한 모서리에 쌓기나무를 8개씩 쌓아 만든 것입니다. 이때 한 개의 면도 색칠되지 않은 쌓기나무는 2층, 3층, 4층, 5층, 6층, 7층에 각각 $6 \times 6 = 36$(개)씩 있습니다.
$\Rightarrow$ 적어도 한 개 이상의 면이 색칠된 쌓기나무는
$512 - 36 \times 6 = 512 - 216 = 296$(개)입니다.

18 전학 온 후의 전체 학생 수를 □명이라 하면
$\square \times \frac{19}{32} - \square \times \frac{13}{32} = 192$, $\square \times \frac{6}{32} = 192$,
$\square = 192 \div \frac{6}{32} = \overset{32}{\cancel{192}} \times \frac{32}{\underset{1}{\cancel{6}}} = 1024$입니다.

여학생 수는 $1024 \times \dfrac{13}{32} = 416$(명)이고,

전학 오기 전의 전체 학생 수를 △명이라 하면

$\triangle \times \dfrac{16}{39} = 416$, $\triangle = 416 \div \dfrac{16}{39} = \overset{26}{416} \times \dfrac{39}{\underset{1}{16}} = 1014$

입니다.

⇨ (전학 온 남학생 수) $= 1024 - 1014 = 10$(명)

19 $2\dfrac{2}{9} - 1\dfrac{7}{8} = 2\dfrac{16}{72} - 1\dfrac{63}{72}$

$\qquad = 1\dfrac{88}{72} - 1\dfrac{63}{72} = \dfrac{25}{72}$

$2\dfrac{2}{9} ◎ 1\dfrac{7}{8} = 2\dfrac{2}{9} \div \left(2\dfrac{2}{9} - 1\dfrac{7}{8}\right)$

$\qquad = 2\dfrac{2}{9} \div \dfrac{25}{72} = \dfrac{20}{9} \div \dfrac{25}{72}$

$\qquad = \dfrac{20}{\underset{1}{9}} \times \dfrac{\overset{8}{72}}{\underset{5}{25}} = \dfrac{32}{5} = 6\dfrac{2}{5}$

⇨ $\dfrac{\blacksquare \; \blacktriangle}{\bullet} = 6\dfrac{2}{5}$ 에서 $\blacksquare = 6$, $\bullet = 5$, $\blacktriangle = 2$이므로

$\blacksquare + \bullet + \blacktriangle = 6 + 5 + 2 = 13$입니다.

20 (직사각형 ㄱㄴㄷㄹ의 넓이)

$\qquad = 18 \times 8 = 144 \,(\text{cm}^2)$

(㉮의 넓이) $= 144 \times \dfrac{5}{5+7}$

$\qquad = 144 \times \dfrac{5}{12} = 60 \,(\text{cm}^2)$

⇨ (선분 ㄴㅁ의 길이) $= 60 \times 2 \div 8 = 15 \,(\text{cm})$

21 다 $=$ 가 $\times \dfrac{1}{4}$,

가 $=$ 다 $\div \dfrac{1}{4} = 1\dfrac{4}{5} \div \dfrac{1}{4} = \dfrac{9}{5} \div \dfrac{1}{4}$

$\qquad = \dfrac{9}{5} \times 4 = \dfrac{36}{5} = 7\dfrac{1}{5}$

가 $=$ 나 $\times \dfrac{1}{10}$,

나 $=$ 가 $\div \dfrac{1}{10} = 7\dfrac{1}{5} \div \dfrac{1}{10} = \dfrac{36}{\underset{1}{5}} \times \overset{2}{10} = 72$

22 ㉮ $\times \dfrac{4}{5} =$ ㉯ $\times \dfrac{7}{10}$

→ ㉮ : ㉯ $= \dfrac{7}{10} : \dfrac{4}{5}$

$\qquad = \left(\dfrac{7}{10} \times 10\right) : \left(\dfrac{4}{5} \times 10\right)$

$\qquad = 7 : 8$

막대 ㉮의 길이를 $(7 \times \square) \,\text{cm}$, 막대 ㉯의 길이를 $(8 \times \square) \,\text{cm}$라 하면

$8 \times \square - 7 \times \square = 5$, $\square = 5$입니다.

⇨ 막대 ㉮의 길이는 $7 \times 5 = 35 \,(\text{cm})$이므로

(물의 깊이) $= \overset{7}{35} \times \dfrac{4}{\underset{1}{5}} = 28 \,(\text{cm})$입니다.

23 (위에서 본 모양의 면의 개수) $\times 2$

$\qquad = 16 \times 2 = 32$(개)

(앞에서 본 모양의 면의 개수) $\times 2$

$\qquad = 8 \times 2 = 16$(개)

(옆에서 본 모양의 면의 개수) $\times 2$

$\qquad = 8 \times 2 = 16$(개)

가장 작은 정사각형 한 면의 넓이는

$2 \times 2 = 4 \,(\text{cm}^2)$이므로 만든 모양의 겉넓이는

$4 \times (32 + 16 + 16) = 256 \,(\text{cm}^2)$입니다.

24 반올림하여 소수 첫째 자리까지 나타내어 2.8이 되려면 2.75와 같거나 크고 2.85보다 작아야 합니다. 몫이 2.75이면 나누어지는 수는 $3.7 \times 2.75 = 10.175$, 몫이 2.85이면 나누어지는 수는 $3.7 \times 2.85 = 10.545$이므로 나누어지는 수는 10.175와 같거나 크고 10.545보다 작아야 합니다. 따라서 10.5□가 될 수 있는 수는 10.51, 10.52, 10.53, 10.54이므로 □ 안에 들어갈 수 있는 수는 1, 2, 3, 4로 모두 4개입니다.

25 1층만 쌓았을 때, 2층까지 쌓았을 때……, 15층까지 쌓았을 때 2개의 면이 노란색으로 칠해진 쌓기나무의 개수를 알아봅니다.

1층만 쌓았을 때: 0개

2층까지 쌓았을 때: 2개

3층까지 쌓았을 때: $2 + 4 = 6$(개)

4층까지 쌓았을 때: $2 + 4 + 6 = 12$(개)

5층까지 쌓았을 때: $2 + 4 + 6 + 8 = 20$(개)

⋮

15층까지 쌓았을 때:

$2 + 4 + 6 + \cdots\cdots + 24 + 26 + 28 = 30 \times 7 = 210$(개)

85 ~ 90쪽

1 3	**2** 15
3 3	**4** 9
5 15	**6** 28
7 6	**8** 15
9 9	**10** 6
11 4	**12** 24
13 52	**14** 5
15 148	**16** 3
17 9	**18** 30
19 21	**20** 60
21 10	**22** 154
23 300	**24** 685
25 105	

2 2 : 5의 전항과 후항에 각각 3을 곱하면 6 : 15가 됩니다.

3 ③번 자리: 2개, ④번 자리: 1개
⇨ 2＋1＝3(개)

4 $6.3 \div 0.7 = 63 \div 7 = 9$

5 $108 \div 7\frac{1}{5} = 108 \div \frac{36}{5} = \overset{3}{108} \times \frac{5}{\underset{1}{36}} = 15$

6 (유경이가 가진 사탕의 수)
$= 48 \times \frac{7}{7+5} = 48 \times \frac{7}{12} = 28$(개)

7 □$=50.4 \div 8.4 = 6$

8 $6\frac{2}{3} > 5\frac{4}{5} > 3\frac{1}{9}$

⇨ $6\frac{2}{3} \div 3\frac{1}{9} = \frac{20}{3} \div \frac{28}{9} = \frac{\overset{5}{20}}{\underset{1}{3}} \times \frac{\overset{3}{9}}{\underset{7}{28}} = \frac{15}{7}$

이므로 $\frac{1}{7}$의 15배입니다.

9 $4 \div 1.35 = 2.962962\cdots\cdots$
나눗셈의 몫에서 소수점 아래 숫자는 9, 6, 2가 차례로 반복됩니다.

$10 \div 3 = 3 \cdots 1$이므로 몫의 소수 10째 자리 숫자는 소수 첫째 자리 숫자와 같은 9입니다.

10 쌓기나무를 최소로 쌓고 주어진 모양과 같이 보이려면 (표) 이므로 쌓은 쌓기나무가 가장 적은 경우에 필요한 쌓기나무는 2＋1＋1＋2＝6(개)입니다.

11 동생: $126 \times \frac{4}{5+4} = 126 \times \frac{4}{9} = 56$(개)
동생이 클립을 56개 가졌어야 하는데 60개를 가졌으므로 형에게 60－56＝4(개)를 되돌려 주어야 합니다.

12 (가로와 세로의 합)$=108 \div 2 = 54$ (cm)
세로: $54 \times \frac{4}{5+4} = 24$ (cm)

13 주어진 모양은 1층: 7개, 2층: 4개, 3층: 1개
→ 7＋4＋1＝12(개)
가장 작은 정육면체를 만들려면 한 모서리가 쌓기나무 4개로 이루어져야 하므로
(필요한 전체 쌓기나무의 개수)$=4 \times 4 \times 4 = 64$(개)
⇨ (더 필요한 쌓기나무의 개수)$=64-12=52$(개)

14 어떤 수를 □라 하면
$\frac{7}{12} \div □ = 2\frac{4}{5}$

⇨ □$= \frac{7}{12} \div 2\frac{4}{5} = \frac{7}{12} \div \frac{14}{5}$

$= \frac{\overset{1}{7}}{12} \times \frac{5}{\underset{2}{14}} = \frac{5}{24}$

따라서 $\frac{5}{24}$는 $\frac{1}{24}$이 5개인 수입니다.

15 $\frac{(\text{그림자의 길이})}{(\text{막대의 길이})} = \frac{625}{250} = 2.5$이므로
(피라미드의 높이)
$=$(피라미드의 그림자의 길이)$\div 2.5$
$=370 \div 2.5 = 148$ (m)

16 (받은 뜨거운 물의 양)$=15.2 \times 5 = 76$ (L)
(받은 찬물의 양)$=129.7-76=53.7$ (L)
⇨ 찬물을 받는 데 걸린 시간은
$53.7 \div 17.9 = 3$(분)입니다.

17 어떤 수를 $\Box$라 하면 $\Box \times \dfrac{3}{5} = 3\dfrac{6}{25}$,

$\Box = 3\dfrac{6}{25} \div \dfrac{3}{5} = \dfrac{\overset{27}{\cancel{81}}}{\underset{5}{\cancel{25}}} \times \dfrac{\overset{1}{\cancel{5}}}{\underset{1}{\cancel{3}}} = \dfrac{27}{5} = 5\dfrac{2}{5}$입니다.

따라서 바르게 계산하면

$5\dfrac{2}{5} \div \dfrac{3}{5} = \dfrac{27}{5} \div \dfrac{3}{5} = 27 \div 3 = 9$입니다.

18 ㉮와 ㉯의 높이가 같으므로 ㉮와 ㉯의 넓이의 비는
(선분 ㄴㅁ) : (선분 ㄱㄹ)+(선분 ㅁㄷ)입니다.
(선분 ㄴㅁ)+(선분 ㄱㄹ)+(선분 ㅁㄷ)
$= 39 \times 2 = 78$ (cm)

$\Rightarrow$ (선분 ㄴㅁ)$= 78 \times \dfrac{5}{5+8} = 78 \times \dfrac{5}{13} = 30$ (cm)

19

㉠	㉡	㉢
1	1	1
㉣	㉤	

(㉣, ㉤)이 (1, 2)일 때
(㉠, ㉡, ㉢)
$\rightarrow$ (1, 1, 2), (1, 2, 2), (1, 2, 1), (2, 1, 1),
(2, 1, 2), (2, 2, 1), (2, 2, 2)로 7가지입니다.
마찬가지로 (㉣, ㉤)이 (2, 1)일 때도 7가지,
(㉣, ㉤)이 (2, 2)일 때도 7가지입니다.
$\Rightarrow$ 만들 수 있는 모양은 모두 $7 \times 3 = 21$(가지)입니다.

20 겹쳐진 부분의 넓이는 같으므로
㉮$\times \dfrac{2}{3} =$㉯$\times \dfrac{3}{5}$, ㉮ : ㉯$= \dfrac{3}{5} : \dfrac{2}{3}$입니다.
원 ㉯의 넓이를 $\Box$ cm²라 하면
$\dfrac{3}{5} : \dfrac{2}{3} = 54 : \Box$, $\dfrac{3}{5} \times \Box = \dfrac{2}{3} \times 54$,
$\dfrac{3}{5} \times \Box = 36$, $\Box = 36 \div \dfrac{3}{5} = 36 \times \dfrac{5}{3} = 60$입니다.
$\Rightarrow$ 원 ㉯의 넓이는 60 cm²입니다.

21 10명이 매일 5시간씩 25일 동안 한 일과 15명이 매일 $\Box$시간씩 15일 동안 할 일의 양의 비는
$\dfrac{5}{14} : \left(1 - \dfrac{5}{14}\right) = 5 : 9$입니다.
$5 : 9 = (10 \times 5 \times 25) : (15 \times \Box \times 15)$,
$5 : 9 = 1250 : (225 \times \Box)$,
$5 \times (225 \times \Box) = 9 \times 1250$,
$1125 \times \Box = 11250$, $\Box = 11250 \div 1125 = 10$
$\Rightarrow$ 나머지 기간 동안 일을 모두 마치려면 하루에 10시간씩 일해야 합니다.

22 어제 읽고 남은 부분의 쪽수를 $\Box$쪽이라 하면
$\Box \times \left(1 - \dfrac{5}{6}\right) = 22$,
$\Box = 22 \div \dfrac{1}{6} = 22 \times 6 = 132$
위인전의 전체 쪽수를 $\triangle$쪽이라 하면
$\triangle \times \left(1 - \dfrac{1}{7}\right) = 132$,
$\triangle = 132 \div \dfrac{6}{7} = \overset{22}{\cancel{132}} \times \dfrac{7}{\underset{1}{\cancel{6}}} = 154$

23 (밭의 전체 넓이)$= (30 + 60) \times 20 \div 2 = 900$ (m²)
(상추) : (고구마)$= 1\dfrac{1}{5} : 0.6 = \dfrac{6}{5} : \dfrac{6}{10}$
$= \left(\dfrac{6}{5} \times 10\right) : \left(\dfrac{6}{10} \times 10\right)$
$= 12 : 6$
$= (12 \div 6) : (6 \div 6)$
$= 2 : 1$
$\Rightarrow$ (고구마를 심은 밭의 넓이)
$= 900 \times \dfrac{1}{2+1} = 900 \times \dfrac{1}{3} = 300$ (m²)

24 • (정사각형 모양의 철판의 넓이)
$= 80 \times 80 = 6400$ (cm²)
• (정사각형 모양의 철판의 무게)
$= 6400 \div 50 \times 0.6 = 76.8$ (kg)
• (남은 철판의 무게)
$= 76.8 - 68.58 = 8.22$ (kg)
$\Rightarrow$ (남은 철판의 넓이)
$= 8.22 \div 0.6 \times 50 = 685$ (cm²)

25 • (리하가 1분 동안 걷는 거리)
$= 1125 \div 45 = 25$ (m)
• (주아가 1분 동안 달리는 거리)
$= 975 \div 13 = 75$ (m)
• 하윤이가 1분 동안 걷는 거리를 $\Box$ m라 하면
$(210 - 84) \div \Box = 210 \div 25$, $126 \div \Box = 8.4$,
$\Box = 126 \div 8.4$, $\Box = 15$
$\Rightarrow$ 주아가 출발한 곳에서부터 주아가 하윤이와 만나는 곳까지의 거리를 $\triangle$ m라 하면
$\dfrac{\triangle}{75} = \dfrac{\triangle - 84}{15}$, $\dfrac{\triangle}{75} = \dfrac{5 \times (\triangle - 84)}{75}$,
$\triangle = 5 \times \triangle - 420$, $4 \times \triangle = 420$, $\triangle = 105$

최종 모의고사 **4**회

91 ~ 96쪽

1 3	**2** 11
3 25	**4** 52
5 ①	**6** 15
7 80	**8** 3
9 9	**10** 2
11 10	**12** 13
13 ②	**14** 45
15 55	**16** 49
17 26	**18** 1
19 4	**20** 80
21 940	**22** 27
23 9	**24** 9
25 24	

1 $\dfrac{9}{17}$ 는 $\dfrac{1}{17}$ 이 9개, $\dfrac{3}{17}$ 은 $\dfrac{1}{17}$ 이 3개입니다.

따라서 $\dfrac{9}{17} \div \dfrac{3}{17} = 9 \div 3 = 3$입니다. ⇨ ㉠=3

2 1층: 6개, 2층: 3개, 3층: 2개
⇨ 6+3+2=11(개)

3 $55 \div 2.2 = 550 \div 22 = 25$

4
$$0.6\overline{)31.2}$$
$$\begin{array}{r} 5\,2 \\ \hline 3\,0 \\ \hline 1\,2 \\ 1\,2 \\ \hline 0 \end{array}$$

5 나누어지는 수가 52.92로 모두 같으므로 나누는 수가 가장 작은 것의 계산 결과가 가장 큽니다.

6 $3\dfrac{1}{8} \div \dfrac{5}{24} = \dfrac{25}{8} \div \dfrac{5}{24} = \dfrac{\overset{5}{\cancel{25}}}{\underset{1}{\cancel{8}}} \times \dfrac{\overset{3}{\cancel{24}}}{\underset{1}{\cancel{5}}} = 15$

7 $\square \times \dfrac{7}{16} = 35$, $\square = 35 \div \dfrac{7}{16}$,

$\square = \overset{5}{\cancel{35}} \times \dfrac{16}{\underset{1}{\cancel{7}}} = 80$

8 $21 \div 3.6 = 5.833\cdots\cdots$이므로 몫의 소수 둘째 자리부터 3이 반복됩니다.
따라서 몫의 소수 17째 자리 숫자는 3입니다.

9 위에서 본 모양에 수를 써서 나타내면 다음과 같습니다.

위
| 3 | 2 | 1 |
| 1 |
| 2 |

⇨ 3+2+1+1+2=9(개)

10 $1\dfrac{5}{9} \div \dfrac{3}{4} = \dfrac{14}{9} \div \dfrac{3}{4} = \dfrac{14}{9} \times \dfrac{4}{3} = \dfrac{56}{27} = 2\dfrac{2}{27}$

$2\dfrac{2}{27} > \square$에서 $\square$ 안에 들어갈 수 있는 자연수는
1, 2이므로 2개입니다.

11 여학생 수를 $\square$명이라 하면
(여학생 수) : (남학생 수)=5 : 8입니다.
5 : 8=$\square$: 16
⇨ $8 \times \square = 5 \times 16$, $\square = 80 \div 8$, $\square = 10$
따라서 여학생은 10명입니다.

12 1층: 6개, 2층: 5개, 3층: 2개이므로 똑같은 모양으로 쌓는 데 필요한 쌓기나무는 6+5+2=13(개)입니다.

13 13 : 8과 비율이 같은 비를 찾습니다.
$13 : 8 = \dfrac{13}{8}$

① $39 : 25 \Rightarrow \dfrac{39}{25}$ ② $26 : 16 \Rightarrow \dfrac{26}{16} = \dfrac{13}{8}$

③ $26 : 21 \Rightarrow \dfrac{26}{21}$ ④ $12 : 7 \Rightarrow \dfrac{12}{7}$

⑤ $25 : 8 \Rightarrow \dfrac{25}{8}$

14 밑변의 길이를 $\square$cm라 하면
$5 : 9 = 25 : \square$
$5 \times \square = 9 \times 25$, $5 \times \square = 225$,
$\square = 225 \div 5 = 45$

15 $3.2 : 1\dfrac{5}{6} = \dfrac{32}{10} : \dfrac{11}{6} = \left(\dfrac{32}{10} \times 30\right) : \left(\dfrac{11}{6} \times 30\right)$
$= 96 : 55$

16 $35 \div \dfrac{5}{7} = \overset{7}{\cancel{35}} \times \dfrac{7}{\underset{1}{\cancel{5}}} = 49$(개)

17 $21.84 \div 0.84 = 26$(개)

18 그림과 똑같은 모양을 쌓는 데 필요한 쌓기나무는
$9+5+2=16$(개)이므로 더 필요한 쌓기나무는 1개
입니다.

19 (삼각형의 넓이)=(밑변의 길이)×(높이)÷2
$\Rightarrow$ (높이)=(삼각형의 넓이)×2÷(밑변의 길이)

$$=13\frac{1}{3}\times2\div6\frac{2}{3}$$
$$=\frac{40}{3}\times2\div\frac{20}{3}$$
$$=\frac{80}{3}\div\frac{20}{3}$$
$$=80\div20=4\,(\text{cm})$$

20 144 km를 가는 데 걸리는 시간을 □분이라 하면
$5:9=\square:144$
$\Rightarrow 9\times\square=5\times144$, $\square=720\div9$, $\square=80$
따라서 80분이 걸립니다.

21 형은 지우보다 전체의 $\dfrac{3-2}{2+3}=\dfrac{1}{5}$만큼 더 내므로

$4700\times\dfrac{1}{5}=940$(원) 더 많이 내야 합니다.

---◆ 다른 풀이 ◆---
지우: $4700\times\dfrac{2}{2+3}=4700\times\dfrac{2}{5}=1880$(원)

형: $4700\times\dfrac{3}{2+3}=4700\times\dfrac{3}{5}=2820$(원)

따라서 형은 지우보다 $2820-1880=940$(원) 더
많이 내야 합니다.

22 가와 나의 톱니 수의 비는 $24:40\Rightarrow3:5$이므로
회전수의 비는 $5:3$입니다.
가가 45번 돌 때 나가 도는 횟수를 □번이라 하면
$5:3=45:\square\Rightarrow5\times\square=3\times45$,
$\square=135\div5$, $\square=27$입니다.

23

위

3	1	1
1	1	2

$\Rightarrow3+1+1+1+1+2=9$(개)

24 $[[8.97\div2.6]\times[43.05\div5.74]]=[[3.45]\times[7.5]]$
입니다.
$[3.45]=3+4+5=12$, $[7.5]=7+5=12$이므로
$[[3.45]\times[7.5]]=[12\times12]=[144]$
　　　　　　$=1+4+4=9$입니다.

25 점 ㄱ과 점 ㄴ이 만날 때까지 움직인 시간은 점 ㄷ이
움직인 시간과 같습니다. 즉, 세 점이 움직인 시간은
모두 같습니다.
점 ㄱ과 점 ㄴ이 움직인 시간이 각각
$15\div(0.2+0.3)=30$(분)이므로 점 ㄷ이 움직인 시
간도 30분입니다.
따라서 점 ㄷ이 1분에 0.8 m씩 30분 동안 움직인
거리는 $0.8\times30=24\,(\text{m})$입니다.

빈틈없는
수준별 학습으로
빠져나갈 구멍 없이
완전봉쇄!

사고력

서술형

독해력

이제 긴 문제도
어렵지 않아요!

기본기와 서술형을 한 번에, 확실하게
수학 자신감은 덤으로!

수학리더 시리즈 (초1~6 / 학기용)

| [연산] | [개념] | [기본] | [유형] | [기본+응용] | [응용·심화] | [최상위] |

(*예비초~초6/총14단계)

(*초3~6)

HME
수   학
학력평가 하반기 대비

정답 및 풀이

배움으로 행복한 내일을 꿈꾸는
천재교육 커뮤니티 안내 · · · ·

교재 안내부터 구매까지 한 번에!
천재교육 홈페이지

자사가 발행하는 참고서, 교과서에 대한 소개는 물론
도서 구매도 할 수 있습니다. 회원에게 지급되는 별을 모아
다양한 상품 응모에도 도전해 보세요!

다양한 교육 꿀팁에 깜짝 이벤트는 덤!
천재교육 인스타그램

천재교육의 새롭고 중요한 소식을 가장 먼저 접하고 싶다면?
천재교육 인스타그램 팔로우가 필수!
깜짝 이벤트도 수시로 진행되니 놓치지 마세요!

수업이 편리해지는
천재교육 ACA 사이트

오직 선생님만을 위한, 천재교육 모든 교재에 대한 정보가 담긴
아카 사이트에서는 다양한 수업자료 및 부가 자료는 물론
시험 출제에 필요한 문제도 다운로드하실 수 있습니다.

https://aca.chunjae.co.kr

천재교육을 사랑하는 샘들의 모임
천사샘

학원 강사, 공부방 선생님이시라면 누구나 가입할 수 있는 천사샘!
교재 개발 및 평가를 통해 교재 검토진으로 참여할 수 있는 기회는 물론
다양한 교사용 교재 증정 이벤트가 선생님을 기다립니다.

아이와 함께 성장하는 학부모들의 모임공간
튠맘 학습연구소

튠맘 학습연구소는 초·중등 학부모를 대상으로 다양한 이벤트와 함께
교재 리뷰 및 학습 정보를 제공하는 네이버 카페입니다.
초등학생, 중학생 자녀를 둔 학부모님이라면 튠맘 학습연구소로 오세요!